彩图 1　解块筛分

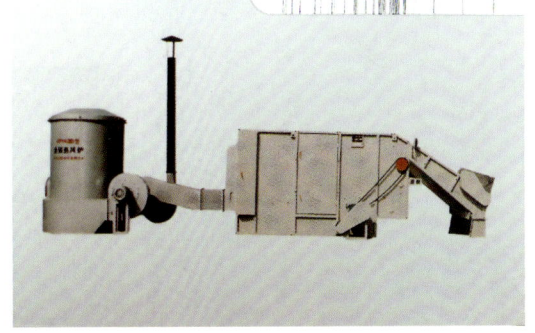

彩图 2　烘干

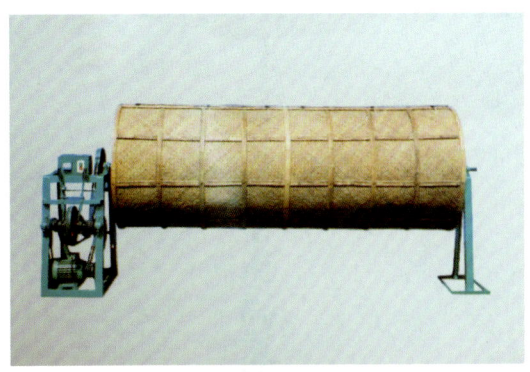

彩图 3　摇青

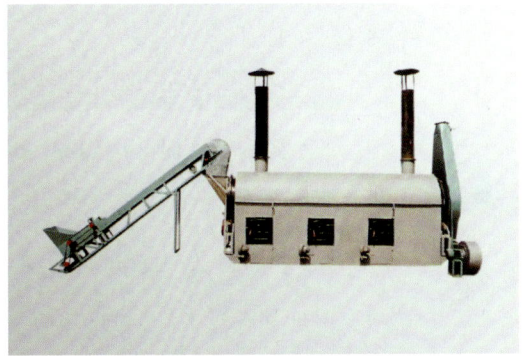

彩图 4　杀青

彩图 5　揉捻

彩图 6　包揉

彩图 7　高温电炉（KSW-5-12 可控硅调压温度箱式电炉）

职业技术培训教材

评茶员 四级

编审委员会

主　　任　张　岚　魏丽君
委　　员　顾卫东　葛恒双　孙兴旺　张　伟　李　晔　刘汉成
执行委员　李　晔　瞿伟洁　夏　莹　周星娣
编写单位　上海市茶叶学会

中国劳动社会保障出版社

图书在版编目(CIP)数据

评茶员：四级/人力资源社会保障部教材办公室等组织编写. -- 北京：中国劳动社会保障出版社，2020

1+X 职业技术培训教材

ISBN 978-7-5167-4316-4

Ⅰ.①评⋯ Ⅱ.①人⋯ Ⅲ.①茶叶-鉴别-职业培训-教材 Ⅳ.①TS272.7

中国版本图书馆 CIP 数据核字(2020)第 033260 号

中国劳动社会保障出版社出版发行

(北京市惠新东街1号　邮政编码：100029)

*

北京市艺辉印刷有限公司印刷装订　新华书店经销
787 毫米×1092 毫米　16 开本　6.5 印张　1 彩插页　116 千字
2020 年 4 月第 1 版　2024 年 1 月第 4 次印刷
定价：20.00 元

营销中心电话：400-606-6496
出版社网址：http://www.class.com.cn

版权专有　　侵权必究

如有印装差错，请与本社联系调换：(010) 81211666
我社将与版权执法机关配合，大力打击盗印、销售和使用盗版图书活动，敬请广大读者协助举报，经查实将给予举报者奖励。
举报电话：(010) 64954652

内容简介

本教材由人力资源社会保障部教材办公室、中国就业培训技术指导中心上海分中心、上海市职业技能鉴定中心依据上海1+X评茶员（四级）职业技能鉴定细目组织编写。教材从强化培养操作技能，掌握实用技术的角度出发，较好地体现了当前最新的实用知识与操作技术，对于提高从业人员基本素质，掌握评茶员（四级）核心知识与技能有直接的帮助和指导作用。

本教材在编写中根据本职业的工作特点，以能力培养为根本出发点，采用模块化的编写方式。全书共分为3章，内容包括：品茗艺术、茶叶审评、茶的化学成分及保健功效等。

本教材可作为评茶员（四级）职业技能培训与鉴定考核教材，也可供全国中、高等职业技术院校相关专业师生参考使用，以及本职业从业人员培训使用。

编者的话

1+X 职业技术·职业资格培训教材——《茶叶审评师（初级）》《茶叶审评师（中级）》《茶叶审评师（高级）》自2007年正式出版以来，受到广大读者的普遍好评，已经多次重印。全国，尤其是上海的中等职业学校、社会办学学校等评茶员培训多采用此教材开设相关课程，一些社区评茶员培训班也将此教材用作培训教材或参考资料。2007版教材为上海乃至全国评茶员培训做出了一定的贡献。

十多年来，我们在评茶员教学实践中收集和积累了一些新的内容和素材，同时，伴随着茶文化事业的不断发展，书中有些数据、图表和文字表述等均有不同程度修改的必要。为此，我们在广泛收集读者反馈意见和建议的基础上，在原由刘启贵任主编、周星娣任副主编、王垚任主审，王济安、卢祺义、陈金芬、汪玲平、陈瑛编写的《茶叶审评师（初级）》《茶叶审评师（中级）》《茶叶审评师（高级）》教材基础上，依据上海1+X职业技能鉴定细目，结合这些年的教学实践，对书稿分别进行了修订，并改名为《评茶员（五级）》《评茶员（四级）》《评茶员（三级）》。新教材涉及结构调整、资料更新、错误纠正、内容扩编等，从强化培养操作技能、掌握一门实用技术的角度出发，较好地体现了本职业当前最新的实用知识和操作技能，将更符合职业技能鉴定考核的要求。

新教材由汪玲平、张扬、卢祺义、陈瑛共同修订完成，周星娣审稿。新教材虽经广泛收集和征求读者的意见，但因时间仓促，不足之处在所难免，欢迎读者提出宝贵意见和建议，以便重印或修订时改正。

周星娣

2019年10月

前　言

职业培训制度的积极推进，为广大劳动者系统地学习相关职业的知识和技能，提高就业能力、工作能力和职业转换能力提供了可能，同时也为企业选择适应生产需要的合格劳动者提供了依据。

随着我国科学技术的飞速发展和产业结构的不断调整，各种新兴职业应运而生，传统职业中也愈来愈多、愈来愈快地融进了各种新知识、新技术和新工艺。因此，加快培养合格的、适应现代化建设要求的高技能人才就显得尤为迫切。近年来，上海市在加快高技能人才建设方面进行了有益的探索，积累了丰富而宝贵的经验。为优化人力资源结构，加快高技能人才队伍建设，上海市人力资源和社会保障局在提升职业标准、完善技能鉴定方面做了积极的探索和尝试，推出了1+X培训与鉴定模式。1+X中的1代表国家职业标准，X是为适应经济发展的需要，对职业的部分知识和技能要求进行的扩充和更新。随着经济发展和技术进步，X将不断被赋予新的内涵，不断得到深化和提升。

上海市1+X培训与鉴定模式，得到了人力资源社会保障部的支持和肯定。为配合1+X培训与鉴定的需要，人力资源社会保障部教材办公室、中国就业培训技术指导中心上海分中心、上海市职业技能鉴定中心联合组织有关方面的专家、技术人员共同编写了职业技术培训系列教材。

职业技术培训教材严格按照1+X鉴定考核细目进行编写，教材内容充分反映了当前从事职业活动所需要的核心知识与技能，较好地体现了适用性、先进性与前瞻性。聘请编写1+X鉴定考核细目的专家和相关行业的专家参与教材的编审工作，保证了教材内容的科学性及与鉴定考核细目以及题库的紧密衔接。

职业技术培训教材突出了适应职业技能培训的特色，使读者通过学习与培训，不仅有助于通过鉴定考核，而且能够有针对性地进行系统学习，真正掌握本职业的核心技术与操作技能，从而实现从懂得了什么到会做什么的飞跃。

职业技术培训教材立足于国家职业标准，也可为全国其他省市开展新职业、新技术职业培训和鉴定考核，以及高技能人才培养提供借鉴或参考。

新教材的编写是一项探索性工作，由于时间紧迫，不足之处在所难免，欢迎各使用单位及个人对教材提出宝贵意见和建议，以便教材修订时补充更正。

人力资源社会保障部教材办公室
中国就业培训技术指导中心上海分中心
上海市职业技能鉴定中心

目　录

第1章　品茗艺术

第1节　茶艺简史 …………………………………………… 2

第2节　茶艺分类 …………………………………………… 5

第3节　茶艺要素 …………………………………………… 9

本章测试题 ………………………………………………… 14

本章测试题答案 …………………………………………… 15

第2章　茶叶审评

第1节　茶叶审评理论 ……………………………………… 18

第2节　茶叶品质的形成 …………………………………… 38

第3节　各类茶的审评 ……………………………………… 59

第4节　茶叶理化检验 ……………………………………… 67

第5节　茶叶检验标准的制定 ……………………………… 73

本章测试题 ………………………………………………… 79

本章测试题答案 …………………………………………… 80

第3章　茶的化学成分及保健功效

第1节　茶叶中的营养成分及作用 ………………………… 82

第2节　茶叶中的药理成分及作用 ………………………… 85

第3节　茶的保健功效 ……………………………………… 86

第4节　日常饮茶相关常识 ………………………………… 88

本章测试题 ………………………………………………… 90

本章测试题答案 …………………………………………… 92

第1章

品 茗 艺 术

第 1 节　茶艺简史　/2
第 2 节　茶艺分类　/5
第 3 节　茶艺要素　/9

引导语

茶艺包括泡茶的技艺和品茶的艺术两部分,其中以泡茶技艺为主体,因为只有将茶泡好才谈得上品茶。但是泡茶只是手段,品茶才是目的,泡茶就是为了要品尝,如果茶汤泡得很好而不懂得品尝、欣赏,那是一件很遗憾的事情。泡茶讲究技艺,是因为它需要掌握一定的技巧,也要讲究一定的艺术性,即冲泡者不但要掌握茶叶的鉴别、火候、水温、冲泡时间、动作规范等技术问题,还要注意在整个操作过程中的艺术美感。因此,不仅要讲究科学地泡好一壶(杯)茶,还要强调艺术地泡好一壶(杯)茶。

茶艺在茶文化中处于中心地位,因为所有茶事活动到最后都要饮茶。当茶的冲泡和品饮成为艺术行为后,茶叶就不仅是保健、提神、解乏之物,而是对人们的心理健康和精神生活产生广泛而深刻的作用,从而派生出种种文化和社会现象,诸如茶道、茶德、茶俗、茶宴、茶会、茶诗、茶画等,都是茶艺的产物。而这一切,都是评茶员应该学习和掌握的。本章主要介绍茶艺发展简史、茶艺的基本分类、茶艺组成要素等方面的知识和技艺,目的是进一步提高学员的茶艺综合水平和鉴赏能力,帮助学员提高评茶的技能。

 学习目标

➢ 熟悉中国茶艺的发展简史、常见的茶艺分类标准和类型。
➢ 掌握中国茶艺的选茶、择水、备器、雅室、冲泡、品尝6大要素。

第1节 茶艺简史

茶艺就是品茗艺术的简称。品茗是一种享受,也是一门生活艺术。要品好茶,不但要求科学地泡好茶,还要艺术地泡好茶,让人们在喝到芳香可口的茶汤的同时,得到审美上的满足。因此,要有一定的规范和程式,具有可操作性,才能在社会上推广开来,这种可操作性的泡茶、品茶的规范和程式就是茶艺。茶艺的形成有一个历史过程,经过长期的实践、积累、演变才逐渐成熟定型。根据目前的文献资料判断,茶艺最早萌芽于晋代,形成于唐代,成熟于宋代,发展于明清,发达于当代。

一、萌芽于晋代

西晋诗人张载在《登成都白菟楼》中写道:"芳茶冠六清,溢味播九区。"赞美茶叶的芳香赛过各种饮品，它的滋味传遍九州大地。这是诗歌中首次描写茶叶的芳香和滋味，说明当时人们饮茶已经不是单纯地从生理需要出发，而是具有审美地在欣赏茶的芳香和滋味，人们已经开始将茶叶当做艺术欣赏的对象了，这是茶艺的萌芽。

西晋茶人杜育的《荈赋》，除了描写茶叶的生长、采摘之外，还提到用水、器具、茶汤的泡沫，并着重描写茶汤的泡沫"惟兹初成，沫沉华浮。焕如积雪，晔若春敷。"意思是茶汤刚煮好的时候，茶末下沉，泡沫上浮，洁白如积雪，灿烂如春花。对茶汤泡沫如此重视、欣赏，表明当时饮茶不是为了解渴，而是细心观赏泡沫的美丽色彩和形状。这是真正的品茗，现代茶艺的几个要素如择水、备器、冲泡等都已经具备了。

二、形成于唐代

杜育的《荈赋》受到唐代茶学家陆羽（字"鸿渐"）的重视，他在《茶经·五之煮》中就很强调对茶汤的培育，在说到"及沸，则重华累沫，皤皤然若积雪耳"之后，紧接着就引用杜育的原文："《荈赋》所谓'焕如积雪，晔若春敷'有之。"可见，陆羽的品茶艺术是受了杜育《荈赋》的深刻影响，也就是说，陆羽《茶经》中的煮茶技艺是继承晋代以来的茶艺成就而形成的。

陆羽在《茶经》中总结的一套煮茶技艺的程序概括为：炙茶、碾茶、罗（筛）茶、烧水、一沸加盐、二沸舀水、环击汤心、倒入茶粉、三沸点水、分茶入碗、敬奉宾客。整套程序相当完整，技术要求也很明确、具体。由此可证，中国茶艺至唐代已经形成。

茶艺在唐代开始成为一门表演艺术，冲泡者可以在客人面前进行表演。据唐代封演《封氏闻见录》卷六记载："楚人陆鸿渐为茶论，说茶之功效并煎茶炙茶之法，造茶具二十四事，以都统笼贮之。远近倾慕，好事者家藏一副。有常伯熊者，又因鸿渐之论广润色之。于是，茶道大行，王公朝士无不饮者。御史大夫李季卿宣慰江南，至临淮县馆，或言伯熊善茶者，李公请为之。伯熊著黄被衫、乌纱帽，手执茶器，口通茶名，区分指点，左右刮目。茶熟，李公为啜两杯而止。既到江外，又言鸿渐能茶者，李公复请为之。鸿渐身衣野服，随茶具而入。既坐，教摊如伯熊故事，李公心鄙之。茶毕，命奴子取钱三十文酬煎茶博士。"从这一记载中可以看出：早在唐代，茶艺的基本程式已经形成，并且可以在客人面前进行表演；常伯熊在表演茶艺时已经有一定的服饰、程式、讲解，具有一定的艺术性和观赏性，成为一项艺术表演形式；陆羽制定的茶艺程式是经过常伯熊"广润色之"之后才"茶道大行"，即经过他的很大加工后才在社会上广为流行；陆羽进行茶艺表演时是"身衣野服"，没有表演用的服饰，也没有讲解，而且"教摊如伯熊"，即与常伯熊的煮茶技艺雷同且艺术效果不佳，所以"李公心鄙之"。因此，常伯熊是中国历史上有记载的成功的茶艺表演家，这也是茶艺在唐代已经形成的一个重要标志。

三、成熟于宋代

唐代重视汤华（泡沫）的培育对宋代影响很大。宋代的点茶法最大的特点正是对泡沫的追求。宋代盛行的斗茶就是以泡沫越多越好，即所谓的"斗浮斗色"。据宋代《大观茶论》《茶录》等茶书的记载，点茶技艺的主要环节是：炙茶、碾茶、罗（筛）茶、候汤（烧水）、焰盏（烘茶盏）、调膏、注水、击沸、奉茶等。其中，对茶汤泡沫的讲究和对茶汤真味的追求都已经完全成为艺术行为，充满了诗情画意和审美情趣。例如，《大观茶论》中有对茶汤泡沫的详细描写；《茶录》中将茶的色、香、味列为品茶的3大标准。

宋代诗人们在诗歌中赞颂茶汤时经常是色、香、味并提。例如，"色香味触映根来"——黄庭坚；"色味新香各十分"——葛胜仲；"色香味触未离尘"——刘才邵；"遂令色香味，一日备三绝"——苏轼。

由此可见，宋代茶人追求的是茶汤色、香、味的享受，茶的其他功效则退到次要的地位，甚至是在品茶时毫不考虑的因素。因此，"色、香、味"被列为品茗3大标准，是宋代茶艺臻于成熟的重要标志。

四、发展于明清

茶艺在明清时期得到高度发展。明代以后，宋、元时代流行数百年的点茶技艺逐渐被散茶冲泡所代替。散茶冲泡在明代称为瀹茶法，其特点就是"旋瀹旋啜"，即将茶叶放在茶壶或茶杯里冲进开水就可直接饮用。瀹茶法的壶（杯）中茶汤没有汤花（泡沫）可欣赏，品茶的重点完全放在茶汤色、香、味的欣赏，对茶汤的颜色也从宋代的"以白为贵"变成"以绿为贵"了。明代的人们非常强调茶汤的品赏艺术。陆树声的《茶寮记》、罗廪的《茶解》、屠隆的《考槃馀事》等茶书中均有对品茶艺术细腻入微的描述。如《考槃馀事》卷三"茶笺"中特别强调"识趣"："茶之为饮，最宜精行俭德之人，兼以白石清泉，烹煮得法，不时废而或兴，能熟习而深味，神融心醉，觉与醍醐甘露抗衡，斯善鉴者矣。使佳茗而饮非其人，犹汲泉以灌蒿莱，罪莫大焉。有其人而未识其趣，一吸而尽，不暇辨味，俗莫大焉。"屠隆这里所识之趣，即人们所追求的幽趣，都是指品茗活动中所追求的高雅艺术情趣，这正是中国茶艺的一大特色。

这一特色在清代也得到继承和弘扬，特别表现在功夫茶上。对功夫茶的种种品鉴、玩味，可见清代的茶艺已经达到高度成熟的阶段。

五、发达于当代

中国茶艺高度发达时期是在当代。自从20世纪70年代茶文化热潮先后在海峡两岸兴起之后，茶艺活动蓬勃开展，很快推广到全国各地，甚至传到国外。

由于茶艺是一项健康、文明的生活艺术，有利于陶冶个人性情、协调人际关系、净化社会风气，对建设精神文明、构建和谐社会都可以发挥积极作用，因此受到各级政府和有关社会团体的重视和支持，除了经常开展大型活动之外，还在群众中进行宣传、推广、普及，如上海、浙江、北京、广州等地，都经常开展群众性的茶艺活动。特别是上海，开展少儿茶艺活动，将茶艺送到学校、引进家庭，经常举办社区茶艺讲座；举行少儿茶艺比赛、家庭茶艺比赛等活动，受到政府和群众的好评。茶艺从个人的品茶爱好发展成为群众性的文化活动，是新时代茶艺事业的一个重大成就。

20世纪90年代以后，茶文化活动在全国形成热潮，每年各地都要举办各种规模的茶会和研讨会，茶艺表演成为重头戏，原有的传统茶艺已不能满足要求，各地茶艺人士就编创了许多新型的茶艺节目。这些新型的茶艺节目主题鲜明、内涵深刻，体现中国茶道和、静、雅的本质特征，同时形式多样，各具特色，形成了中国茶艺百花园万紫千红的繁荣局面，茶艺也逐渐发展成为一种具有相对独立性的艺术形式，登上了表演舞台。这更是中国茶艺在新时代兴旺发达的重要成果。

第2节 茶艺分类

中国茶艺千姿百态，种类也多种多样，根据不同标准可以进行不同的分类。

一、茶艺分类

1. 常见的分类标准

（1）按茶叶分类，如龙井茶艺、碧螺春茶艺、花茶茶艺、宁红茶艺、普洱茶艺、铁观音茶艺、白茶茶艺等，有多少种茶叶，就可以有多少种茶艺。

（2）按地区分类，如武夷茶艺、安溪茶艺、潮汕茶艺、婺源茶艺、徽州茶艺、台湾茶艺等，有多少个地区，就可以有多少种茶艺。

（3）按冲泡方式分类，如功夫茶艺、盖碗茶艺、玻璃杯茶艺等。

2. 常见分类标准分析

（1）按茶叶和地区的分类方式没有严格的科学含义，不能准确反映该茶艺的主要特色，经常会与别的茶艺混同而难以区分，比如绿茶类的龙井、碧螺春、黄山毛峰、婺源茗眉、庐山云雾等名茶，大多是用盖碗杯或玻璃杯冲泡的，其冲泡技艺也是大致相同，如果都用茶叶来命名，则中国有数百种绿茶，就有数百种茶艺名称。同样，所谓武夷茶艺、安溪茶艺、潮汕茶艺、台湾茶艺等，虽然地区不同，但泡的都是乌龙茶，采用的都是小壶、小杯的功夫茶艺冲泡方式，显然属于同一种茶艺，如果都按地区名称来命名，则有多少个生产乌龙茶的地区，就有多少种茶艺，但却没有自己的特色，因此也不可取。

（2）既然茶艺就是泡茶的技艺和品茶的艺术，那么以冲泡方式作为分类标准较为科学，这样才能突出茶艺本身的特点，而不会与别的茶艺混同。根据这个分类标准，可以将都是用小壶、小杯的功夫茶泡法的武夷茶艺、安溪茶艺、潮汕茶艺、台湾茶艺等，都划归为功夫茶艺类；龙井茶艺、碧螺春茶艺、花茶茶艺等则都是用盖碗杯或玻璃杯冲泡的，可以分别归入盖碗杯茶艺或玻璃杯茶艺中。如果为了突出地区的特色，可以在前面冠以地名，如武夷功夫茶艺、安溪功夫茶艺、潮汕功夫茶艺、台湾功夫茶艺等。

（3）一些新编创的表演型茶艺，因为都有一定的主题，常常是根据主题来命名，在名称上看不出茶艺特点，但是仔细观察，仍然可以划归为上述几种茶艺范畴。

二、茶艺类型

当代中国茶艺基本上可以划分为3大类型：传统茶艺、改良茶艺、创新茶艺。

1. 传统茶艺

传统茶艺是指一直在民间流传、没有经过专业人员加工整理的茶叶冲泡方式。

（1）四川和北方地区的盖碗茶艺以冲泡花茶为主，也有用盖碗冲泡绿茶的。盖碗茶艺盛行于长江流域和北方地区，其覆盖面甚至比传统功夫茶艺还要大，主要用来冲泡花茶和绿茶，它是将茶叶放在盖碗中冲泡后直接饮用的。盖碗也称盖杯，盖杯上有杯盖，下有杯托，无论是冲泡还是品饮都有些讲究，颇有观赏价值，因此也成为茶艺表演的主要形式之一。盖杯历史也较为古老，曾经是清代宫廷茶艺的主要道具，在清代、民国时期的北方茶馆里使用的主要茶具就是盖杯。冲泡绿茶的盖碗茶艺的主要程序是：备具、赏茶、冲泡、奉茶、品尝、收具等。

（2）闽广地区以小壶、小杯冲泡的功夫茶艺专泡乌龙茶。在传统茶艺中以功夫茶最具艺术性，也是目前各地茶艺馆中的当家品种。功夫茶艺是生活型茶艺，本来不是用来表演的，只因为它有别于解渴的喝茶方式而具有一定的艺术韵味，稍加整理就可以登台表演，因此在茶文化热潮兴起之初，它便受到群众的欢迎。武夷山的茶艺专家们曾给功夫茶艺以加工整理，总结出18道程序：备器候用、倾茶入则、鉴赏佳茗、清泉初沸、孟臣淋霖、乌龙入宫、悬壶高冲、推泡抽眉、重洗仙颜、若琛出浴、游山玩水、关公巡城、韩信点兵、三龙护鼎、鉴赏汤色、喜闻幽香、细品佳茗、重赏余韵。

从"乌龙入宫""关公巡城""韩信点兵""三龙护鼎"等名称可以看出用词是老百姓

的民间口语，并非文人墨客们凭空杜撰出来的，因此这些程序大体上还是保留了传统功夫茶的基本面貌。

（3）江浙地区的玻璃杯茶艺专泡名优绿茶。其历史较短，是近代玻璃器具盛行之后才开始使用的。玻璃杯是冲泡龙井、碧螺春、君山银针等名优绿茶的理想器具，因为它的质地透明，人们在品饮时可以直接观赏汤色和茶芽在杯中上下起落的优美形态。传统的玻璃杯茶艺泡茶技艺较为简单，就是将茶叶放入杯中，再冲入开水，稍候即可品饮。例如，杭州地区用玻璃杯冲泡绿茶的主要程序为：备具、赏茶、置茶、浸润泡、冲泡、奉茶、品赏、收具等。

此外，民间有用大碗或大茶杯泡茶的方式，泡法简单，无须技巧，属于喝茶解渴范围，不在茶艺之列。

2. 改良茶艺

为了适应各种茶文化集会的茶艺展示和茶艺馆营业中的需要，茶艺专家们常常要将传统茶艺进行加工整理和改良提高，使之规范化、艺术化，更具有观赏性，其中较为成功的有台湾功夫茶艺、海派功夫茶艺、北京香片（盖碗）茶艺、玻璃杯茶艺等。

（1）台湾功夫茶艺。与传统功夫茶艺相比，台湾功夫茶艺主要在以下3个方面加以改良。

1）更讲究的取茶方式。传统功夫茶在置茶时是将茶罐里的茶叶先倒在一张白纸上，再拿起盛茶的纸倾向壶口倒进茶叶，目的是让纸上较粗的茶叶倒在壶嘴附近，较细碎的茶叶靠后靠下，冲泡后不易堵塞壶嘴。台湾功夫茶则改为使用竹、木制成的茶则和茶匙，先用茶则从茶罐里取出茶叶，再用茶匙将茶则中的茶叶拨入壶中，显得更为讲究、雅致。

2）创造了茶海（公道杯）。传统功夫茶在泡好后，以"关公巡城""韩信点兵"的方式将茶汤均匀倒入各个茶杯中，但有时不易倒得很均匀，而且茶壶中可能有剩余的茶汤，如不及时倒出，茶汤会因浸泡过久而苦涩。台湾功夫茶使用一种像西方咖啡具中牛奶罐一样的小瓷罐，称为茶海。先将茶壶中的茶汤倒进茶海中，再从茶海倒进各个茶杯中，这样，每一杯的茶汤都很均匀，故又叫作公道杯，盛在茶海中的茶汤还可以再喝而不会苦涩。

3）创造了闻香杯。由于乌龙茶的香气特别浓郁持久，品尝时都是先闻杯中的茶香再饮茶汤。台湾功夫茶则将闻香单独作为一道程序，并发明了柱状的闻香杯，先将壶中泡好的茶汤倒进闻香杯里，然后将闻香杯中的茶汤倒进品茗杯中，再将空的闻香杯放到鼻子前闻香。

台湾功夫茶艺有18道程序：备具、迎客、煮水、温壶、赏茶、置茶、温润泡、将茶水注入茶海、悬壶高冲、温杯、斟茶入茶海、分茶入闻香杯、将闻香杯中的茶汤倒进品茗杯、观赏汤色、闻香、品茶、3口品完、静坐回味。

（2）海派功夫茶艺。上海地处长江下流，紧邻绿茶产区，居民素来喜欢品饮绿茶，历来口味较淡。传统功夫茶艺泡出来的乌龙茶汤过于浓郁，泡法也较复杂，在上海不易推广。上海茶人们经过多年的摸索，将传统功夫茶艺进行改良，形成清淡怡人、简洁明了的独特风格，被称为海派功夫茶艺。与传统功夫茶艺相比，其改良处主要表现在：投茶量一般为壶容量的1/3，比潮汕功夫茶投茶量为壶容量的2/3少了许多，这样泡出来的茶汤橙黄明亮，幽香淡雅，更适合上海人的口味；潮汕功夫茶原来投茶量较大，而且壶中的茶叶往往还没有得到充分利用就被抛弃，浪费很多茶叶，而改良后的海派功夫茶茶叶舒展恰与壶口持平，7泡之后，每片茶叶都得以舒展，弥补了传统功夫茶的不足；传统功夫茶泡茶程序烦琐，海派功夫茶则主张简洁明了，崇尚喝到茶的真味，将许多无伤大雅的多余程序剔除，只保留必要的泡茶技艺。这种讲究实际的品茶方式受到更多人尤其是年轻人的欢迎。具有代表性的秋萍茶宴馆的海派功夫茶艺共有10道程序：准备茶具、鉴赏佳叶、观音入宫、悬壶高冲、观音出海（洗茶）、平分秋色（分茶）、观赏汤色、喜闻幽香、小口啜饮、收拾茶具。

（3）北京香片（盖碗）茶艺。北京的茶艺专家们将北方传统的冲泡香片（花茶）茶艺进行加工、整理、提升，取名为北京香片（盖碗）茶艺，在一些茶会上表演后获得好评。北京香片（盖碗）茶艺共有24道程序：恭迎宾客、呈现茶旗、敬宣茶德、精选香茗、理火烹泉、鉴赏甘霖、摆盏备具、流云拂月、执权投茶、云龙泻瀑、初奉香茗、陶然沁芳、百味凝春、重酌醑香、泉人龙潭、品评江山、即兴颂章、书画会赏、尽杯谢茶、嘉叶酬宾、洁具收盏、茶仓归一、再宣茶德、致谢话别。此茶艺加工的程度较大，主要增添了一些泡茶之外的文化行为，但基本上还是保留了传统盖碗茶艺的主要程序和动作要领，并加以规范、提升，有利于盖碗茶艺的推广和普及。

（4）玻璃杯茶艺。对玻璃杯茶艺进行改良提高的是上海、杭州等地的茶人。他们根据各种名优绿茶的特点制定各具特色的冲泡技艺。如上海地区的玻璃杯冲泡技艺程序为：备具、赏茶、温杯、投茶、冲泡、奉茶、品尝、收具等，与杭州地区冲泡相比，少了温润泡，而多了温杯程序。上海、杭州的茶人们还创造性地将明代茶壶中的3种投茶法，即上投法、中投法、下投法移植到现代的玻璃杯茶艺上来，根据茶叶质地细嫩程度的差别而分别采用不同的投茶法。这是具有创造性的运用，因为在玻璃杯中运用三投法显然比在陶瓷茶壶中更适合，效果更好。

3. 创新茶艺

创新茶艺就是茶艺工作者根据一定的主题要求重新编创的茶艺节目，经常在各种茶会中被表演，因其形式多样、各具特色，令人耳目一新。这种茶艺因多在舞台上表演，并非是直接给客人泡茶品饮，故也称为表演型茶艺；因其都具有一定的主题，所以也称为主题茶艺。创新茶艺从取材上区分，大体上可分为4种类型：仿古、现实、宗教、民俗。

（1）仿古。仿古类创新茶艺主要是根据古代茶书记载和考古资料创编的复原古人的品茗活动。如陕西法门寺的"仿唐清明宴"和"陆羽茶道"，南昌女子职业学校的"仿唐宫廷茶艺""仿宋点茶茶艺"，北京的"清代宫廷茶艺"，上海宋园茶艺馆的"三清茶"，中国茶叶博物馆的"公刘子朱权茶道"，婺源茶道团的"文士茶"，湖南医科大学茶艺队的"清明雅韵"，南昌白鹭原茶艺馆的"将进茶"，等等。

（2）现实。现实类创新茶艺主要是取材于现实生活而创编的茶艺节目，具有一定的现实教育意义。如广东省珠海市心灵茶艺公司的"珠海渔女"和"一脉情"，前者反映珠海特区渔女在改革开放前后的品茶活动，后者反映澳门中葡文化交汇的历史与现实。杭州的"龙井问茶""九曲红梅"，婺源的"农家茶"等，都反映了浙江、江西茶区的现实生活。

（3）宗教。宗教类创新茶艺主要是取材于佛门或道观的茶事活动而编创的茶艺节目，表现禅茶一味和道家天人合一的主题。如江西茶艺馆的"禅茶"，南昌白鹭原茶艺馆的"道茶"，上海的"太极茶道"和"观音茶"，杭州的"罗汉茶"，山西忻州地区的"五台山礼佛茶"等，通过这些茶艺表演，有助于观众对中国茶道与儒、释、道哲学思想关系的体会。

（4）民俗。民俗类新编茶艺主要是取材于民间的饮茶习俗而加以整理提高的茶艺节目，其中又可分为两类：一类是根据汉族民间茶俗改编的，如江西茶艺馆的"擂茶"，银芝集团公司的"惠安女茶俗"，湖南医科大学茶艺队的"姜盐豆子茶"，浙江湖州的"湖州熏豆茶"，婺源的"新娘茶"等；另一类是根据少数民族的茶俗改编加工的，如白族"三道茶"、傣族"竹筒茶"、侗族"打油茶"、彝族"烤茶"、纳西族"盐巴茶"、藏族"酥油茶"等，这一类茶艺因为少数民族的独特茶俗和服饰、音乐，具有很强的观赏性，很受观众欢迎。

第3节 茶艺要素

茶艺的分类多种多样，其表演形式千变万化，但综合分析，茶艺是由6个方面构成的，即选茶、择水、备器、雅室、冲泡、品尝，简称茶艺6要素。

一、选茶

茶叶是茶艺的第一要素,只有在选择好茶叶之后才能决定用水、茶具,确定烹煮或冲泡方式,才谈得上品尝。因此,历代茶人对茶叶的选择都十分重视。最早谈论茶叶选择标准的是唐代陆羽,他在《茶经·一之源》中写道:"野者上,园者次;阳崖阴林,紫者上,绿者次;笋者上,牙者次;叶卷上,叶舒次。阴山坡谷者,不堪采掇,性凝滞,结瘕疾。"从中可以得知,陆羽认为野生的茶叶比园中人工栽培的茶叶要好,生长在向阳阴林中的茶叶紫色的比绿色的要好,呈笋状的茶芽比普通茶芽要好,叶子卷的茶叶比叶子张开的茶叶要好;长在背阳的阴山坡谷的茶叶不好,茶性凝滞,会导致疾病,不要去采摘,等等。谈论这样的选茶标准自然是出于品茗的需要。

最早提出茶叶选择标准的是宋代的蔡襄,他在《茶录》上篇(论茶)中按色、香、味3个标准来论说:色——茶色贵白;香——茶有真香;味——茶味主于甘滑。

明代盛行散茶冲泡,其标准和宋代不同,将"香"放到了第一位,并对茶的色、香、味标准有许多论说。如明代张源在《茶录》中主张:香——茶有真香,有兰香,有清香,有纯香;色——茶以青翠为胜;味——味以甘润为上。

进入清代以后,各大茶类均已产生,绿茶、黄茶、青茶、红茶、白茶、黑茶以及花茶等,品种齐全,品质优异,风味独特,各具风韵,从而改变了过去单一选用某一种茶叶的现象,使各地的饮茶方式呈现多样化。我国地域辽阔,民族众多,各地形成了各具特色的饮茶习俗,并形成不同的饮茶区域。如北方地区的人们爱饮茉莉花茶,长江流域的人们爱饮绿茶,闽粤地区的人们爱饮乌龙茶,广东和云南地区的人们爱饮红茶和普洱茶,西北地区的少数民族则习惯饮用砖茶等,使得我国饮茶方式形成百花齐放的局面。

到了现代,名茶之多,难以计数,各地人们的爱好和口味不同,因此选择茶叶的具体标准也各不相同,不能一概而论。选购茶叶一般的原则和方法是:根据用途、季节、地区及民族习惯、冲泡方式进行选择;在确定选购的茶类之后,要注意茶叶的花色、等级和一些品质指标,从特色、加工等方面考虑;然后通过感官辨别对茶样进行判别。

二、择水

品茶所品的是茶叶的色、香、味、形,它们都要通过水来体现,因此水是品茶艺术中不可或缺的要素。明代张源在《茶录》中写道:"茶者水之神,水者茶之体。非真水莫显其神,非精茶曷窥其体。"明代许次纾在《茶疏》中写道:"精茗蕴香,借水而发,无水不可与论茶也。"这些都说明水在茶艺中的重要地位。

唐代陆羽在《茶经》中提出"其水,用山水上,江水中,井水下"的选水标准,也因此成为提出完整用水标准的第一人。自此之后，历代茶人对品茶用水都十分重视，对水的要求分别提出"清、轻、甘洁""活、冷""清、寒、甘、香""甘、轻"等论述。

现代人泡茶用水可能不会像古人那么讲究，但是只要有条件，还是愿意汲取一些名泉来泡茶，而且各地都有泉水，大多数都适合用来泡茶。从品茗角度而言，应该尽量多用天然的泉水，不仅因为泉水甘美能助茶性，而且各地许多名泉，只要有一定年代，往往会伴有许多传说故事或名人轶事以及诗词歌赋，具有浓郁的文化色彩，与名茶结合，相得益彰，会增强品茗艺术的审美情趣，丰富茶文化内涵，这是一般的井水、矿泉水和纯净水所不能替代的。

城市中的自来水因为水中含有氯离子并带有漂白粉气味，直接使用会影响茶汤的香味，必须预先经过处理，简易的处理方法有以下3种。

1. 澄清

将自来水放入陶瓷缸里，放置一昼夜，待氯气挥发没有漂白粉的气味后，就可以使用。

2. 煮沸

将自来水煮开（不宜煮得太久）以后，打开壶盖，让水中异味挥发掉即可使用。

3. 过滤

有条件的话可以购买良好的过滤器，将自来水过滤后再用来泡茶。也可以在自来水龙头上套接离子交换净水器，让自来水通过树脂层，将氯离子和钙、镁等矿物质离子除去，变成去离子水，然后用以泡茶。

此外，如果条件许可，可以购买市面上供应的矿泉水或纯净水，因此类水在厂家制造时已经经过处理，没有任何异味，用来泡茶是比较理想的。

三、备器

明代许次纾在《茶疏》中写道："茶滋于水，水藉于器。"指出茶具在茶艺中的重要地位。有了好茶、好水，还要有好茶具，这不但是技术上的需要，还是艺术上的需要，因为在茶艺中，茶具本身也成为审美对象，人们在品茶时不但要求茶美、水美，还要求器美。

从唐代重青瓷、宋代重黑盏到明代提倡用白瓷和紫砂茶具，人们对茶具的审美标准随着时代的前进、饮茶方式的不同，而产生明显的变化。这种变化不仅是从茶具的器形和釉色对茶汤色泽的影响着眼，而且日益追求赋予茶具更多的文化内涵，使之成为构建茶艺审美意境的重要因素。

从现代角度而言，茶具是为茶艺服务的。它首先要能满足冲泡品饮的功能要求，符合实用、便利的原则，在此基础上再讲究造型、色彩、纹饰方面的艺术性。因此，茶具的选择，无论是质地还是颜色都要根据茶叶的特点和茶艺主题要求来进行，才能相得益彰。

茶具首先要适合所用茶叶。瓷器、玻璃等高密度的茶具气孔率低、吸水率小，泡茶时茶香不易被吸收，适合冲泡风格清雅的茶叶，如各种名优绿茶、花茶、红茶等，玻璃杯还有便于观赏茶叶形态、色泽的优点。而低密度的紫砂茶具，因其气孔率高、吸水率大，适合冲泡香气低沉的乌龙茶、普洱茶等，泡茶后，持壶盖或者杯盖即可闻到醇厚的茶香。

茶具颜色主要指釉的颜色和装饰纹样的颜色，通常可以分为蓝、绿、青、白、灰、黑等冷色调和黄、橙、红、棕等暖色调。茶具选择的原则是与茶叶相配要协调。茶具的内壁以白色为好，可以真实地反映茶汤的色泽与明亮程度。要注意整套茶具（壶、盅、盏、盘）的色彩搭配，既要避免单调，又要统一和谐并富有艺术情趣。具体而言，名优绿茶一般可以使用透明无花纹的玻璃杯或白瓷、青瓷、青花瓷盖杯；花茶可以使用青瓷、青花瓷、斗彩、粉彩瓷器盖杯、盖碗或壶杯；红茶可以用内壁施白釉的紫砂杯，白瓷、白底红花瓷、红釉瓷的壶杯或盖碗、盖杯；轻发酵及重发酵的乌龙茶可用白瓷和白底花瓷壶杯或盖碗、盖杯；白茶可用白瓷壶杯，或用反差很大的内壁施釉的黑瓷，以衬托出白毫。

四、雅室

品茗是一种生活艺术，也是交友联谊、沟通感情、陶冶情操、修身养性的良好方式之一，需要有一个适合的环境条件。我国自古以来就十分讲究品茗的环境，或青山翠竹、小桥流水，或琴棋书画、幽居雅室，追求一种天然的情趣和文雅的氛围。

自唐代以来，历代文人雅士对选择品茗环境有很多论述和生动的诗文。明代朱权在《茶谱》中描述："或会于泉石之间，或处于松竹之下，或对皓月清风，或坐明窗静牖。乃与客清谈款话，探虚玄而参造化，清心神而出尘表。"明代徐渭在《刻徐文长先生秘集》中谈到对饮茶环境的要求时写道："品茶宜精舍、宜云林、宜永昼清谈、宜寒宵兀坐、宜松月下、宜花鸟间、宜清流白云、宜绿藓苍苔、宜素手汲泉、宜红妆扫雪、宜船头吹火、宜竹里飘烟。"在文人眼里，品茗时所面对的精舍云林、松风竹月、清流白云，乃至于一山、一水、一石、一木，都是活生生的审美对象，是渗透着人的精神并能与人进行情感交流的生命体。

晚明时期，由于特定的政治背景和文化背景，文人们不仅着力在山水环境中品茗，还刻意在日常生活中构建幽雅环境，在园林风光的美景中感受品茗乐趣。明代屠隆在《茶说·九之饮》中写道："若明窗净几，花喷柳舒，饮于春也。凉亭水阁，松风萝月，饮于夏也。金风玉露，蕉畔桐阴，饮于秋也。暖阁红垆，梅开雪积，饮于冬也。僧房道院，饮何清也，山林泉石，饮何幽也。"明末清初的张岱在名作《西湖七月半》中写道："小船轻幌，净几暖炉，茶铛旋煮，素瓷静递，好友佳人，邀月同坐，或匿影树下，或逃嚣里湖。"在品茗中，他们互相交流，在交流中互相的情谊更加深重。

这些论述和诗文大多强调人与自然的统一，把茶的自然属性与人性紧密联系在一起，并反映出一定历史时期的社会风尚和人文价值追求。

时代发展到今天，人们不可能按照古人的要求去做，也不具备这样的条件。但是从茶艺角度来说，在可能的条件下，还是应该尽量努力使品茗环境清雅一些。比如，在家里品茗，有条件的可设计一个有创意的家庭茶室或适宜品茗的空间；结伴外出旅游，可寻一山清水秀之处或当地茶馆，在青松翠竹的掩映下，一边欣赏鸟语花香、小桥流水，一边品茗叙谈、吟诗歌咏，可体会融入大自然怀抱中天人合一的境界等。目前比较常见的方式是邀上三五知己到茶艺馆品茗，因为现在的茶艺馆，不管其风格是古典或是中西合璧的，装修都比较考究，环境幽雅，灯光柔和，音乐悦耳，具有浓厚的文化氛围，且有专门的茶艺师为客人表演茶艺，或帮助客人学习冲泡方法。在茶艺馆中品茗，是现代人的一种文化享受，并越来越受到大众的青睐。

五、冲泡

冲泡是茶艺的关键环节，一壶茶泡得好坏，全看冲泡者冲泡技巧掌握得如何。冲泡包括两个部分：煮水和泡茶。随着时代的演变和饮茶方式的改变，茶叶的冲泡技巧自然也有所改变。

现代的茶叶冲泡，因茶叶品类的增多及各地民俗风情的差异，形成各具特色的冲泡技艺，不仅不同的茶叶有不同的泡法，同一种茶叶因原料的质地和地区民族的不同，泡法也不尽相同。但是不管哪种泡法，都有几个基本环节是要共同做到的，主要包括备器、煮水、温壶（杯）、投茶、冲泡、品尝等。

每种茶叶和茶具，其冲泡方法各有特点，并不一样。特别是在茶艺馆为客人泡茶，有时带有表演性质，其程序和动作都要求规范、熟练，需要认真对待，努力掌握茶艺要领，才能泡出一壶好茶。

六、品尝

品尝茶汤是茶艺要素的最后一个环节。茶汤冲泡的好坏固然重要，但是遇到不懂茶艺的饮者，好比一件艺术精品没有遇到知音，是非常遗憾的事情。因此，要区别喝茶与品茗：喝茶是为了满足生理上的需求，重在提神、解渴、保健，没有什么特别的讲究；品茗的重心则是为了追求精神上的满足，重在意境的追求与感受，将饮茶视为一种艺术欣赏活动。品茗要细细品啜，徐徐体察，从茶汤美妙的色、香、形、味中得到审美的愉悦，引发联想，抒发感情，使心灵得到慰藉，灵魂得到净化。

现代茶艺中的茶汤品尝，重点仍然是从色、香、味着手，即：一是观色，主要是观察茶汤的颜色和茶叶的形态，得到视觉上的感受；二是闻香，得到嗅觉上的感受，好茶的香气是自然、沁人心脾、令人陶醉的；三是品味，即品尝茶汤的滋味。茶叶的品种繁多，其滋味多种多样、千差万别，而且都是感官直觉的感受，很难用文字加以精确描述，只能大体而言。对一般饮者来说，只要了解茶叶的滋味是复杂多样的，品茶时注意细心鉴赏，努力体察，自然就会感到津津有味，达到心旷神怡的境界。但是作为一名茶艺师或是有志于从事茶艺工作的人来说，则要尽量多掌握一些专业知识，并且要具备一定的审美能力，吸取古人茶艺的精华，努力攀登中国茶艺的高峰。

本章测试题

一、判断题（下列判断正确的请打"√"，错误的请打"×"）

1. 中国茶道是以茶文化为契机的综合文化体系。（   ）
2. 中国茶道真正成熟于南北朝。（   ）
3. 宋明时期是中国茶道发展的鼎盛时期。（   ）
4. 在道家看来，茶道只是"自然"大道的一部分。（   ）
5. 茶道的核心思想应归于道家学说。（   ）
6. 从历史角度看，佛教与茶文化的渊源最为久远。（   ）
7. 陆羽是浙江湖州人。（   ）
8. 中国茶德四字守则是著名茶人吴觉农首先提出的。（   ）
9. 中国茶传入日本，在汉代就有明确记载。（   ）
10. 在东方茶文化圈内，茶的礼仪具有相似、相近的特点。（   ）

二、单项选择题（下列每题的选项中，只有1个是正确的，请将其代号填在括号中）

1. 中国茶道基本含义是以一定的（   ）为基调的。
   A. 环境气氛   B. 语言动作   C. 精神追求   D. 规范程序
2. 中国茶道强调"道法自然"，包含（   ）、行为和精神3个方面。
   A. 物质   B. 文化   C. 思想   D. 艺术
3. "茶禅一味"意指禅味与茶味是一种（   ）。
   A. 兴味   B. 趣味   C. 意味   D. 表述

4. 日本茶道以千利休为祖先的"三千家",以"（　　）"影响最大。
   A. 表千家　　　B. 里千家　　　C. 武者小路　　　D. 丹月流

5. 陆羽是中国茶道的（　　）。
   A. 集大成者　　B. 继承者　　　C. 创始者　　　　D. 发扬者

6. 《茶经》中卷仅有（　　）一章。
   A. 一之源　　　B. 二之具　　　C. 三之造　　　　D. 四之器

7. 在陆羽心目中,"精行俭德"是（　　）的标准。
   A. 为人处世　　B. 为政做官　　C. 茶道思想　　　D. 饮茶品茶

8. 《茶经》中风炉的设计体现了（　　）思想。
   A. 道家　　　　B. "中"道　　　C. 佛学　　　　　D. "三教"

9. "和"也是中国茶道（　　）的核心。
   A. 哲学思想　　B. 文学思想　　C. 文化思想　　　D. 艺术思想

10. 中国茶德四字守则是由（　　）提出的。
    A. 吴觉农　　　B. 庄晚芳　　　C. 谈家桢　　　　D. 张天福

11. "默默地无私奉献,为人类造福"是茶人精神的（　　）。
    A. 完整表述　　B. 明确表述　　C. 朴素表述　　　D. 理论总结

12. 谈家桢教授（　　）题写"发扬茶人精神,献身茶叶事业"。
    A. 1989 年　　B. 1990 年　　C. 1991 年　　　　D. 1992 年

13. 中国茶道精神在（　　）国家和地区中也有所反映。
    A. 亚洲　　　　B. 大洋洲　　　C. 南美　　　　　D. 欧美

14. 韩国茶礼侧重于（　　）,强调茶的亲和、礼敬、欢快。
    A. 礼仪　　　　B. 艺术　　　　C. 传统　　　　　D. 修身

本章测试题答案

一、判断题

1. ×　2. ×　3. √　4. √　5. ×　6. ×　7. ×　8. ×　9. ×　10. √

二、单项选择题

1. A　2. A　3. A　4. B　5. C　6. D　7. A　8. B　9. A　10. B
11. C　12. D　13. D　14. A

第 2 章

茶 叶 审 评

第 1 节　茶叶审评理论　　　　　/18
第 2 节　茶叶品质的形成　　　　/38
第 3 节　各类茶的审评　　　　　/59
第 4 节　茶叶理化检验　　　　　/67
第 5 节　茶叶检验标准的制定　　/73

引导语

茶叶审评是鉴别茶叶品质的一门学科。它在茶叶加工、供销、科研等方面是一项不可缺少的技术措施。

茶叶品质是茶叶物理性状和茶叶中所含化学成分的综合体现，概括起来，就是茶叶的色、香、味、形。茶叶的外形与色泽是通过人的视觉来判定的；茶叶的香气与滋味则通过人的嗅觉和味觉来辨别。

茶叶审评与检验结果正确与否，不单纯是技术问题，还涉及政策问题。茶叶在采制、收购、供销、科研等各个环节都离不开茶叶审评与检验。茶叶品质的提高和生产工艺的改进与审评和检验也有密切的关系。通过审评与检验，就可以发现茶叶品质好坏以及影响茶叶品质的原因。

茶叶的感官审评与检验方法不仅具有科学性、适用性，而且其结果还具有一定的法律性。《食品卫生检验方法 理化部分 总则》（GB/T 5009.1—2003）规定："感官不合格产品不必进行理化检验，直接判为不合格产品。"它是评价和判断食品质量的重要手段之一。

本章主要介绍茶叶品质是怎样形成的，以及如何进行茶叶审评和常规理化检验。茶叶审评与检验是一门技术性和实践性较强的学科，要想学到过硬的茶叶审评与检验的本领，就必须在实践中不断积累经验，同时还必须结合茶树栽培学、制茶学、茶叶生物化学等有关专业知识的学习，从而增强自己审评、鉴别茶叶品质的能力。

学习目标

➢ 熟悉茶叶审评的理论知识、茶叶品质的形成、茶叶对样审评的定级方法、茶叶常规理化检验方法。

➢ 掌握茶叶感官品质审评操作程序和评语运用方法。

第1节 茶叶审评理论

为了使茶叶审评结论客观、准确、公正，除了对审评室和审评用具有一定要求之外，对审评人员应具备的条件也有一定的规定。此外，还对其他方面，例如，茶叶取样，泡茶用水选择，茶、水用量之比，泡茶水温和时间，以及评茶程序和方法等内容，都有具体规定与要求。总之，要尽量避免或减少因客观原因对审评结果造成的误差，以保证审评结果的正确性和准确性。

出口茶叶是否符合安全卫生标准及合同规定的品质条件，必须通过检验检疫部门的检测和感官审评来做出客观、公正的鉴定。随着各国食品安全意识的提高，茶叶的安全卫生状况越来越受到各消费国的高度重视，新的卫生标准不断涌现，农药残留和重金属检测项目相继增加，特别是欧盟和日本等国家和地区，对茶叶的抽查频率逐渐加大，农药残留检测项目随着标准修订次数的逐渐增加而不断添加，且限量指标也越来越严格。在茶叶进出口贸易中，也有国家把农药残留限量指标作为茶叶贸易技术壁垒来运用。因此，正确的茶叶审评结果，有利于维护我国茶叶在国际消费市场的声誉，促进茶叶对外贸易，增加国家外汇收入，支援国家建设，提高茶农的生活水平。

毛茶的进厂验收、定级归堆、付制前拼配，以及半成品茶、精制茶的出口拼配等，都必须依靠审评与检验的结果；要落实好茶好价的政策，也必须依靠茶叶审评与检验技术的发挥。正确地定级定价，必须建立在审评与检验结果正确的基础之上。

此外，在审评中能够发现茶叶存在的不正常现象（如绿茶汤色发黄，叶底花杂，有红梗、红叶，说明绿茶在杀青或揉捻工序中存在不合理的因素；又如红茶滋味苦涩，说明红茶发酵不到位），从而促使制茶人员改进制茶工艺，使茶叶品质得到改善和提高。

一、茶叶感官审评

1. 茶叶感官审评的概念

通常讲的茶叶审评就是指茶叶感官审评。所谓茶叶感官审评是指由经过训练的专业人员依靠自身的嗅觉、味觉、视觉、触觉来判断茶叶品质优次或高低的一种方法，简称茶叶审评，通常又称为评茶或看茶。茶叶感官审评不能与使用仪器设备对茶叶进行物理、化学、卫生、包装等检验相混淆，它也是一种国际公认的检验方法，但检验与审评两者的含义是不同的。检验主要分为定性检验和定量检验两种，定性是指测定某种化学成分是否存在于被检测的物质中；定量则是指测定某种化学成分在被检测的物质中含量的多少。茶叶审评则是对茶叶品质高低的综合评价。

2. 茶叶感官审评的原理

茶叶品质的鉴定主要是依靠人的嗅觉、味觉、视觉、触觉和大脑来综合分析判断的。到目前为止，它还不能仅依靠科学仪器来测定，原因是还没有哪种检测仪器能准确测定茶叶品质的高低，因为影响茶叶品质高低的化学成分多而复杂，含量各不相同，而且相互作用。

评茶结果的正确与否，除了需要一个良好的外部环境和必要的设施外，评茶员还必须具备良好的嗅觉、味觉、视觉和触觉，同时还应具备较高的职业道德修养、敏锐的辨别力和熟练的审评技术。

3. 茶叶感官审评的要求

评茶员必须尽最大可能排除外界因素的干扰或影响，特别是不能把自己生活中的情绪带到评茶工作中，必须建立比较完备的、平静的评茶环境，才能确保评茶结果的正确性和准确性。

二、茶叶审评的方法与程序

1. 茶叶审评方法制定的依据

茶叶品质是由茶叶的外形和内质两个方面组成的。茶叶外形与内质通常又分为评茶的8项因子，即外形因子为条索（或形状）、整碎、净度和色泽4项，内质因子为香气、汤色、滋味和叶底4项。有的专家把8项因子分为5项因子，即形状、香气、汤色、滋味和叶底。茶叶感官审评分为干评（干看）和湿评（湿看）。干评主要是审评茶叶外形的4项因子，湿评主要是审评茶叶内质的4项因子。茶叶品质的优劣主要是针对审评茶叶的8项因子而言，所以茶叶审评方法的制定也就离不开决定茶叶品质的8项因子。

2. 茶叶审评的程序

茶叶品质的好坏、等级的高低、价值的大小，主要是通过对决定茶叶品质的形状、香气、汤色、滋味、叶底等因子的评定来综合决定的。茶叶审评的程序通常包括4个阶段，即取样、外形审评、内质审评、评定与记录。每个阶段既是相互联系的，又具有各自的独立性。因此，茶叶审评的4个阶段缺一不可。

（1）取样。取样又称抽样或采样，即从一批茶叶中抽取代表整批茶叶品质特征的最低数量样茶，作为评定茶叶品质优劣的实物样。取样是否正确，能否代表整批茶叶的品质水平，是决定审评结果准确与否的关键所在。

无论是审评毛茶、精制茶、还是再加工茶，取样工作都是一项非常重要的工作。取样工作质量的好坏，主要体现在所取样茶的代表性如何。正确的取样，能给评茶员提供代表性的样品；反之，取样的代表性不足，就会导致审评结果出现差错。

外形审评的取样方法为：首先将评茶盘按顺序号从左到右依次从小到大排列在干评台上。将茶罐中的样品全部倒出，并充分混匀（一般要求匀样次数不少于3次），从不同的部位取出适量有代表性的茶样（100~200 g，具体数量根据茶叶的容量而定）倒入评茶盘中，然后依次从每个评茶盘中称取有代表性的茶样 3 g（乌龙茶取 5 g）倒入评茶杯中，标准样和参考样各称一杯，被审评茶样最好称两杯，供内质审评用。

内质审评的取样方法为：称取有代表性的茶样 3 g（乌龙茶取 5 g）倒入审评杯中，取样应与外形审评取样同时进行。国外评茶也有取 5 g 茶样的情况，主要根据标准来确定，并选择不同规格的审评杯和审评碗。

（2）外形审评。茶叶的外形审评即干评（干看），其操作步骤如下。

1）把盘。把盘俗称摇样匾或摇样盘，是审评干茶外形的首要操作步骤，也是很关键的基本技术，是反映评茶员评茶水平高低的一个重要因素。把盘效果的好坏，将直接影响干看结果。评茶员双手握住评茶盘的对角边沿，左手大拇指的后半部必须堵住评茶盘一角的缺口，然后运用手势前后、左右、上下地回旋转动，从而使评茶盘中的茶叶能按照茶叶的形状和轻重等呈现出有序的排列，即评茶员通常所讲的上中下 3 层分布。一般来说，条索（或形状）比较粗松，身骨比较轻飘的茶叶浮在表面，叫作面张茶，或称上段茶；细紧重实的茶叶集中于中层，叫中段茶，俗称腰档或肚货；体型较小的碎茶、片茶和末茶都沉积于底层，叫作下段茶或下身茶。

把盘一般可分为 3 个阶段，即摇盘、收盘和簸盘。

① 摇盘。双手握住评茶盘对角的边沿，左手握住评茶盘缺口一角。而后运用均匀手势做前后、左右回旋转动，使盘中茶叶分成上中下 3 层。

② 收盘。双手握住评茶盘对角的边沿，分别用左右手颠簸评茶盘，使均匀分布在盘中的茶叶收拢呈馒头形。

③ 簸盘。双手握住评茶盘对角的边沿，然后双手同时做上下簸动，使盘内细小轻质的茶叶簸扬在样盘内茶叶的前方。

2）干看。将已经把盘后的分层茶样与同样经把盘后的标准样（或参考样）进行对比分析，先对比面张茶即上段茶，再拨开面张茶看中段茶，后看下段茶即下身茶。干看主要是从外形的 4 项因子即条索（或形状）、整碎、净度和色泽，逐一对照标准样并参考样茶进行比较。

① 条索（或形状）。"条索"一词不仅指条形茶，而是指各种类型茶叶的外形规格，即茶叶的大小、粗细、轻重、长短，以及芽头的多少。通过对茶叶条索的评比，就可以了解制茶鲜叶的嫩度及制茶人员运用制茶技术的熟练程度。一般来讲，条索细紧的茶叶、圆形茶颗粒圆紧的茶叶，制茶的鲜叶较嫩；外形粗松的茶叶、圆形茶颗粒松黄的茶叶，制茶的鲜叶较老。

② 整碎。茶叶的整碎有两个概念，一是指茶叶上中下各段茶比例是否匀称，如果上中下各段茶拼配比例适当，各段茶之间就会均匀适度；反之，各段茶比例如果失调，就会给评茶员一种脱档的感觉，即各筛号茶拼配比例不合理。另一概念是指茶叶个体条索（或

颗粒）的大小、长短和粗细是否均匀，整碎的好坏要视茶叶整体感觉而定，茶叶的整碎反映了各段茶拼配比例是否恰当。

③ 净度。茶叶的净度主要是指茶叶中茶类夹杂物（主要包括梗、籽、朴、片、毛等）和非茶类夹杂物（主要包括杂草、树叶、泥沙、石子、石灰、竹叶、麻绳、塑料绳等）含量的多少。含量多，说明净度差；反之，含量少，就证明净度好。非茶类夹杂物含量多，还说明茶叶的卫生质量差。茶叶中茶类夹杂物和非茶类夹杂物含量的多少，要依据茶叶标准样来确定，不能单一而论。

④ 色泽。茶叶的色泽主要是从茶叶本身的颜色和光泽度来看。色泽好的茶叶带有油润感，给人一种鲜活的感觉；色泽差的茶叶，看上去带有一种枯死的感觉；无光泽的茶叶，呈暗灰或死灰色。

总之，评论一盘茶叶外形的好坏，不能单从某一项因子来看，而要综合4项因子的评比，才能得出比较客观、正确的结论。

(3) 内质审评。茶叶的内质审评即湿评（湿看），其操作步骤如下。

1) 冲泡。用刚煮沸的开水由左向右依次迅速倒入审评杯中，冲泡时要将杯中的茶叶全部冲起翻卷，开水量以满而不溢为宜。盖上杯盖开始计时，5 min（乌龙茶分3次冲泡，分别为2 min、3 min和5 min）后，按冲泡顺序依次将审评杯内的茶汤全部倒入审评碗中，值得注意的是应将杯中的茶汤倒净，因为最后的几滴茶汤浓度较高，如果不倒净，将直接影响到茶汤的浓度，会对审评结果造成影响。

2) 湿看。湿看主要从内质的4项因子，即香气、汤色、滋味和叶底，逐一对照标准样并参考样茶进行比较。

① 香气。嗅香气是湿看的第一步，是依靠评茶员的嗅觉来完成的。嗅香气可分为热嗅、温嗅和冷嗅3个阶段。热嗅主要是闻香气中有没有异味，凡是有烟、焦、酸、馊、霉及其他不应有的异味均为低劣。热嗅时应注意，时间应短，茶杯不应靠鼻孔过近，杯中散发的热气易烫伤鼻子，损坏感觉器官，会影响审评结果的正确性。温嗅是嗅香气的最佳时期，评茶员必须抓紧时间，香气类型和香气高低主要可在这个时候做出判断。冷嗅主要是嗅香气的持久性，一般品质高的茶叶，不仅香气的类型好，香气维持时间也长一些；品质低的茶叶香气的浓度很快就会降低，低档茶叶冷嗅多为粗老气。总之，茶叶的香气以鲜爽、郁香高长持久为好，高短次之，低而粗为差，有异味的茶叶为劣质茶叶。

② 汤色。顾名思义，汤色主要是指茶汤的颜色，即茶叶中内含的成分溶解在沸水中，溶液所呈现的色彩，它是靠评茶员的视觉来判定的。看汤色要快速，因为茶汤中的化学成分和空气接触后，很容易发生变化，而使茶汤颜色变深、变浑，特别是绿茶，变化更快。

所以，有些评茶员把看汤色放在嗅香气之前完成。此外，汤色随着温度下降，颜色会逐渐变深。红茶冷却后还会出现浑浊现象，通常称"冷后浑"，一般比较高档的红茶才有此现象。

③ 滋味。茶叶的滋味是通过评茶员的味觉器官来辨别的。不同种类，不同花色，或同一茶类，不同品种、不同地区，以及同一地区、不同季节的茶叶，其滋味各不相同。因此，茶叶的滋味与茶树的品种、生长环境、生长季节，以及茶叶加工工艺都有着密切的关系。味感有酸、甜、苦、辣、涩、咸、碱、泥土、金属味等。人的味觉感受器官是满布舌面上的味蕾，味蕾接触到茶汤之后，会激起味觉的兴奋波，通过传入神经传导到中枢神经，再经过大脑综合分析后，得出不同的味觉。审评茶汤的滋味，是在评茶汤色之后立即进行的。品尝茶汤滋味的适宜温度一般为50℃左右。如果茶汤温度太高，易烫坏评茶员的味觉感受器官，使之麻木，不能正常品味。如果茶汤温度太低，一方面茶汤对评茶员的味觉感受器官刺激不够，影响味觉的灵敏度；另一方面，茶汤中的物质随着温度的下降，逐步被析出，汤味也会由协调变得不协调。审评茶汤的滋味主要按浓淡、强弱、鲜滞、爽涩、苦甜、纯异等来评定优次。

④ 叶底。叶底即通常人们所说的茶渣，叶底是通过评茶员的视觉和触觉来辨别的，是评茶不可缺少的一个环节。叶底的老嫩、匀杂、整碎，色泽的亮暗和叶片开展的程度等是评定茶叶优次的一个重要因素。同时，评茶员通过审评叶底也能了解茶叶中是否有其他叶片掺杂。审评叶底也是鉴别真假茶的方法之一。

审评叶底时，先将叶底全部倒入叶底盘中，拌匀、铺开、压平，观察其嫩度、匀度和色泽；然后用手指按压叶底，感受叶张的软硬，观察叶张的厚薄、芽头和嫩叶的含量等；必要时将叶底漂在水中来观察分析，从而判定茶叶的优次。

总而言之，茶叶品质的审评一般是通过上述的外形审评和内质审评来综合观察评定的。实践也充分说明，仅审评茶叶的某一项因子或某几项因子，是不能正确反映茶叶的品质的，因为茶叶的审评因子之间有着密切的关系，不是单独形成和孤立存在的。例如，茶叶的外形粗松，在叶底上则反映为叶张薄，开展叶多，嫩度差；绿茶汤色深黄，在叶底上则反映为色泽花杂，红梗、红叶多。因此，进行感官审评时，要严格遵守评茶规则，按评茶程序操作，才能得出客观、正确的结果。

（4）评定与记录。评茶结束后，评茶员要及时完成审评报告，对审评的8项因子逐项给予正确的评语和评分，做出正确的评定，填写在审评报告内。一般审评报告分下列几项内容。

1）茶叶的生产单位、名称（编号）、生产数量、生产批号和生产日期。

2）各项因子的评分、评语及评定结果。

3) 对照样品（标准样或参考样）的名称（编号）、年份。

4) 评茶员及负责人的姓名。

5) 审评地点、日期。

茶叶审评报告可参考表2-1建立。

表2-1　　　　　　　　茶叶审评报告单

审评样名称（编号）：　　　　　　　对照样名称（编号）：

生产批号		生产企业	
生产数量		生产日期	
项目	评分	评语	
条索			
整碎			
净度			
色泽			
香气			
汤色			
滋味			
叶底	嫩度		
	色泽		
总评			
备注			

评茶员：　　　　　复核人：　　　　　审评日期：

三、茶叶审评评语与评分

1. 茶叶审评评语

（1）评语的定义。评语是评茶术语的简称，是用来表达茶叶品质特点和优缺点的专业性用语。评语通过简短明确的词汇，反映茶叶品质的状况。

（2）评语的种类。评语一般分为外形评语和内质评语两种。

1) 外形评语

①形状评语见表2-2~表2-8。

表 2-2　　　　　　　　　　　　　通用形状评语

评语	说明
脱档、脱节	面张茶、中段茶和下段茶比例失调
匀称	长短、粗细相称，配合适当，无脱档现象
显毫	芽叶上含有较多白色或黄色茸毛
匀齐、匀整	外形匀称，老嫩整齐
粗大	条索或颗粒较粗，身骨较轻，介于"粗实"和"粗松"之间
粗实、粗钝	条索或颗粒粗而紧实，称为"粗实"；如破口也多，称为"粗钝"
破口	茶叶经切轧留有切口，显得粗糙、不光滑
轻飘	叶质瘦薄
洁净	不含有非茶类夹杂物
露梗	茶叶中有较多梗
夹片多	片形茶多

表 2-3　　　　　　　　　　　　　条形茶形状评语

评语	说明
紧细、紧秀	原料嫩度好，条索卷紧而细，称为"紧细"；紧细且有锋苗的称为"紧秀"。两者都反映茶叶的外形好
细嫩、条紧	条索紧细、完整、有锋苗，叶质幼嫩，称为"细嫩"，细嫩多毫，表示嫩度高；条索卷曲紧而不松开，称为"条紧"
紧结	条索卷紧而结实，但嫩度低于紧细，少锋苗，称为"紧结"，多用于中级条形茶的外形评定
重实	条索卷紧，叶质嫩而肥厚，身骨重，茶在手中有沉重感觉
肥壮	叶质肥厚，条索壮实
壮结	条形壮大，条尚紧结（用于青茶类）
粗壮	条索粗而壮实、卷紧
瘦弱	条索细小，叶质瘦薄
扁瘦	条索瘦弱带扁
平直、挺直	条形平整而硬直
圆浑、圆直	条索圆而紧实，称为"圆浑"；圆而挺直，称为"圆直"
光滑、粗糙	长条表面平滑，质地重实，称为"光滑"；反之称为"粗糙"
松条、粗条	条索不紧结，但嫩度尚好，称为"松条"；条索卷紧度很差，粗而松，称为"粗条"
平伏	样茶在评茶盘中旋转后，面张茶均匀平伏，无松翘架起的现象
弯曲、卷曲	条形似弯弓的，称为"弯曲"；条形似螺状捻卷，称为"卷曲"
短钝、短秃	条索短而无锋苗

续表

评语	说明
短碎	面张条短，下脚显露多，缺乏匀齐、匀称之感
松碎	条索松，外形短碎
露筋	筋皮、毛衣显露

表2-4　　　　　　　　　　圆形茶形状评语

评语	说明
细紧、细结	颗粒细嫩圆紧，称为"细紧"；颗粒小而较紧实，嫩度低于"细紧"的称为"细结"
圆紧、圆结	颗粒卷结很紧，称为"圆紧"；颗粒较粗，紧而不松，叶质不及前者重实，称为"圆结"
圆整	颗粒圆而整齐
粗圆	颗粒较粗而尚圆整
松圆	形圆而较粗松，身骨较轻
粗扁	外形粗而带扁
重实	颗粒紧实，叶质肥厚，身骨重
扁块	外形扁而不圆，圆茶未成形而压扁
扁瘪、瘦瘪	颗粒不圆，干瘪无肉，身骨轻飘不实
黄头	指嫩度差的颗粒，色泽露黄，一般在2~4级茶中较常见

表2-5　　　　　　　　　　扁形茶形状评语

评语	说明
扁削、扁茶	形状如刀削一样齐整，平扁光滑，不起丝毫皱纹；原料嫩度高，制工好。为高级龙井茶所用评语
尖削	扁削而尖锋好
光扁	形状平扁、光滑，为中档茶常用评语
光滑	茶叶表面光滑、平洁，质地重实，内含夹杂物很少
扁平	形状扁直坦平，多用于中、低档茶
挺直	指扁茶平扁而不弯曲
挺秀	与"挺直"意义相近，而茶叶嫩度、造型好于"挺直"
紧条、狭长条、宽条	制工不当，造型差，条扁而过紧、过长、过宽
浑条	扁茶浑圆
折皱	茶叶较老、粗老或制工不精，不扁而皱，通常是低档茶

表 2-6　　碎形茶形状评语

评语	说明
颗粒状	碎茶颗粒与珠茶颗粒完全不同，珠茶是整片叶子经揉捻后造型似珍珠；碎茶是将叶子揉捻成条后，再进行揉切或绞切成细小颗粒，颗粒紧结匀整，身骨重实含毫尖，净度好。红碎茶以此类产品比例高为好
皱缩	外形卷得不紧
起颗粒	呈颗粒状，身骨重实
起砂粒	体型细小，呈砂粒状
身骨重	叶质嫩、有重实感
身骨轻	叶质松、轻飘
细碎	细小、碎杂、不匀齐
形小	体型小于正常规格的碎茶、末茶
片状	呈一片片的样子，但茶片要有折皱
末状	体型细小，呈砂粒状为好
末多	含有大量的茶末
匀整	碎茶、片茶、末茶的规格（形态）、大小相近
匀净	匀称、净度好
硬壳	表面硬，结壳
毛衣多	红碎茶中的细筋毛多
花杂	指不同嫩度的鲜叶制成的碎茶、片茶、末茶或色泽有红、褐、黄夹杂在一起

表 2-7　　砖形茶形状评语

评语	说明
完整	砖茶无破损、残缺，形态端正
平滑	砖面平整，无起层落面及茶梗刺出现象；反之称为"粗糙"
脱面	饼茶、紧茶、沱茶等面茶脱落
包心外露	里茶外露
缺口	砖茶边沿残缺一处或多处
断甄	砖茶中间断落、不成整块
龟裂	紧压茶表面有裂开现象
烧心、冲烧	紧压茶中心部分发暗
披毫	盖面茶盖面有锋苗，叶质幼嫩

表2-8　　　　　　　　　　　白茶形状评语

评语	说明
毫心肥壮	毫心肥嫩、壮大，茸毛多
茸毛洁白	茸毛多而洁白、有光泽
肥嫩	毫芽显，叶张肥壮
瘦弱	叶张瘦小，叶质瘦薄
叶缘垂卷	叶面隆起，叶缘向背微微起翘
芽叶连枝	芽叶相连成朵，不断碎
平展	没有形成叶缘垂卷状态，叶张显得平展
弯曲	叶张不平展、不服帖、带弯曲
折皱	叶张不平展，有折皱痕
破张	叶张不完整、破碎
蜡片	叶张老化，表面形成蜡质

②色泽评语见表2-9~表2-15。

表2-9　　　　　　　　　　　通用色泽评语

评语	说明
油润	干茶色泽鲜活，有光泽
色暗	叶色呆滞，不鲜亮
枯燥	叶老色枯，无光泽
均匀	叶色一致
花杂	叶色不一，老嫩混杂

表2-10　　　　　　　　　　　红茶色泽评语

评语	说明
乌黑油润	嫩度高，叶色乌黑而具有光泽。这种光泽是叶汁黏附在茶条表面上形成的，说明品质好
黑褐油润	嫩度较高，叶色黑褐而有光泽
棕色（栗色）	叶质较差，红叶带褐，似栗壳色
枯红	色红而枯燥，叶质较老
棕红、棕黄	叶质粗老及大叶种或秋冬生产的红碎茶
泛红	红碎茶质老，色红而无光泽
灰枯	色灰、无光泽

表 2-11　　　　　　　　　　　　　　　　绿茶色泽评语

评语	说明
翠绿	色似翠玉而有光泽,是高级绿茶的色泽
墨绿、深绿、黑绿	叶质尚嫩,色泽浓绿泛黑,有光泽,称为"墨绿"或"深绿",高级绿茶大多属于这种色泽;无光泽的称为"黑绿",其叶质嫩度一般不如前者
绿润	色鲜绿,有光泽,用于中高档绿茶
银灰绿	色绿而深带灰,有光泽,似上霜
黄绿	绿中带黄,以绿为主,一般见于中低档的茶叶
青绿	比深绿浅,光泽稍差,绿中带青
暗绿	色绿而暗,无光泽
枯黄	色黄而枯燥,叶质老,做工差
灰褐	色褐泛黑,鲜叶老,不新鲜或做工不当
灰暗	似陈茶色,色深暗带死灰色

表 2-12　　　　　　　　　　　　　　　　青茶色泽评语

评语	说明
砂绿	似鳝鱼绿色,富有光泽
青褐	色泽青褐而带灰光
青绿	青绿色,少有光泽
乌黑、乌黑油润	青茶色泽一般乌黑;乌黑而有光泽的称为"乌黑油润"

表 2-13　　　　　　　　　　　　　　　　花茶色泽评语

评语	说明
绿润	色泽绿,富有光泽
深绿	色泽浓绿泛青,有光泽
枯黄	叶张老,色黄而枯燥

表 2-14　　　　　　　　　　　　　　　　白茶色泽评语

评语	说明
翠绿	色似翠玉,富有"绿黄"光泽
墨绿	叶张深绿,稍有光泽
灰绿	白茶正常色泽,叶张绿中带灰
草绿(黄绿)	叶张呈草绿色,是白茶没有萎凋或萎凋不足、过早烘焙的非正常色泽
铁青	似铁色,带青,光泽较差,新白茶常有此色泽
枯暗、暗张	叶张暗,干枯,多为雨天制茶形成的死青

表 2-15　　　　　　　　　　　紧压茶色泽评语

评语	说明
褐红	红中显褐，为普洱紧压茶的正常色泽
黑褐	褐中泛黑，为黑砖茶的正常色泽
猪肝色	红而带暗，类似猪肝颜色，为金尖的正常色泽
黄褐色	色泽带黄，为茯砖的正常色泽
青褐色	褐中泛青，为青砖茶的正常色泽
黑润	色黑而深，似涂上一层油似的发亮，为紧压茶的正常色泽
青黄	黄中泛青，为新茯砖的正常色泽

2）内质评语

①汤色评语见表 2-16~表 2-18。

表 2-16　　　　　　　　　　　红茶汤色评语

评语	说明
红艳	汤色红而鲜艳，似琥珀并带有金边
红亮、红明	汤色红而透明，有光彩，称为"红亮"；透明而少有光彩的称为"红明"
深红、红浓	汤色红而深，缺乏新鲜的光彩，但不昏暗
浓暗	汤色红而暗
姜黄	红碎茶茶汤加牛奶后，汤色呈姜黄明亮，是汤质浓、品质好的标志
棕红、粉红	红碎茶茶汤加牛奶后，汤色呈棕红明亮似咖啡色，称为"棕红"；粉红明亮似玫瑰色，称为"粉红"
灰白	加牛奶后，汤色呈灰暗浑浊的乳白色
红浊	汤色不管深或浅，汤中浑浊不易见底

表 2-17　　　　　　　　　　　绿茶汤色评语

评语	说明
绿黄	汤色黄中带微绿
黄绿	汤绿泛黄
浅黄	汤色黄而浅
橙黄	汤色黄中微带红，似橙黄色
深黄、暗黄	汤深暗且无光泽
红汤	汤色泛红，失去绿茶具有的汤色
混暗	汤色混而晦（与"浑浊"同义）

表 2-18 青茶汤色评语

评语	说明
金黄	茶汤清澈,以黄色为主,带橙色
清黄	茶汤黄而清澈
红汤	常见于陈茶或烘焙过度的青茶,汤色呈浅红色或暗红色

②香气评语见表 2-19~表 2-25。

表 2-19 通用香气评语

评语	说明
嫩香	毫香显露而细腻
鲜香	香气鲜爽而不强烈
高香	茶香浓而持久
纯正	香气纯洁,不浓不淡,无异杂气味
醇浊	气味虽浓,但滞钝
青气	类似生叶的青臭气味
高火香	炒茶或焙茶温度过高、时间过长所引起的香气
老火、焦	制茶过程中,火温和操作不当所造成的事故茶,有轻微的焦气,称为"老火";严重的称为"焦"
闷气	一种令人不愉快的熟闷气
陈、霉气	茶叶储藏时间过长引起的陈变气味,称为"陈";储藏不当,发霉变质者有"霉气"
异气味	夹杂各种杂异气味

表 2-20 红茶香气评语

评语	说明
鲜爽	香气新鲜、活泼,具有舒服的感觉
鲜甜	鲜爽并带有甜香
甜醇	带有糖香而且醇和
果糖香	似新鲜花果香气
浓甜、甜和	香气具有糖香且浓郁持久的称为"浓甜";带糖香且醇和的称为"甜和"
强烈、浓烈	香气强烈、浓郁持久,具有充沛活力的香气。高级红碎茶应具有这种香气

表 2-21　　　　　　　　　　　　　　绿茶香气评语

评语	说明
鲜嫩	鲜爽悦鼻的嫩茶香气
鲜浓	香气高而新鲜持久
浓烈	香气充沛持久，有强烈刺激性，冷后仍有余香
清高	清香高爽，但不够强烈
清香	香气清纯爽快，细而持久

表 2-22　　　　　　　　　　　　　　青茶香气评语

评语	说明
岩韵、香韵	在香味上具有某种茶特有的香味特征。前者用于武夷岩茶，后者用于铁观音
浓郁、馥郁	带有高级茶持久的特殊花香，称为"浓郁"；比"浓郁"香气更好的称为"馥郁"
浓烈、强烈	香气浓，但未达到"浓郁"或"馥郁"
清高	香气高长，但不浓郁
清香、清细	香气清高而细长
甜香	香气清高而带有甜感
焖火、郁火	烘焙后的茶叶未适当摊晾而形成的一种火气味

表 2-23　　　　　　　　　　　　　　花茶香气评语

评语	说明
浓郁	高档花茶具有的花香，芬芳、新鲜、高锐持久
鲜灵	花香新鲜，浓度好
新浓	同"鲜灵"，但程度稍差
纯正	花香正常，浓度一般，无杂花香气
鲜薄	花香新鲜，但浓度差
浮弱	花香仅在表面，香气薄短
露兰（透兰）	茉莉花香不纯，香气杂，有玉兰香气
露胚（透素）	花香薄，露出绿茶胚香
闷气	花香不鲜，带闷气、水汽，往往是水花窨制或起花烘干不及时造成的

表 2-24　白茶香气评语

评语	说明
鲜嫩	香气新鲜、纯爽，毫香显
鲜醇	香气新鲜、醇和，有毫香
清甜	香气清高并带有甜感
酵感	萎凋时间过长，闻香时有红茶发酵感
青臭	萎凋不足，火功不够，有青气
失鲜	香气无鲜爽感

表 2-25　紧压茶香气评语

评语	说明
陈香	香气陈郁，属普洱茶的品质特征
松烟香	松脂香带烟气
烟焦气	焦气夹杂烟气
霉气味	霉变的气味

③滋味评语见表 2-26~表 2-31。

表 2-26　红茶滋味评语

评语	说明
浓强	鲜叶嫩度好或大叶种制成的红碎茶，汤味一般浓强，有茶汤入口浓厚、刺激性强的感觉
甜浓、甜厚	有鲜甜浓厚的感觉
浓和	滋味鲜浓醇正，具有甜感
醇厚	汤味尚浓，缺乏鲜味，但尚有活力
醇和	汤味欠浓，刺激性不强，但无粗杂味

表 2-27　绿茶滋味评语

评语	说明
浓烈	汤味入口时有苦涩感，旋即味浓不苦，收敛性强，回味甘爽。一般高级炒青或眉茶具有浓烈滋味
鲜浓、鲜厚	滋味浓厚而鲜快，喉味爽适且含有活力
醇和	汤味欠浓，鲜味不足，但属正常
平淡	味清淡，尚适口，无异杂粗老味
粗淡	口味淡薄，喉味粗糙，为低级或粗老茶的滋味
苦涩、青涩	茶汤入口又苦又涩
熟味	不新鲜，杀青或炒青焖炒时间过长，产生煮青菜熟味

表 2-28　青茶滋味评语

评语	说明
醇厚、浓醇	滋味浓醇适口，是高级青茶的滋味
岩韵、香韵	同香气中的有关评语
鲜爽、鲜甜	汤味新鲜，入口清爽有甜感
醇正、醇和	滋味尚有一定浓度，无粗杂味
淡薄	茶汤入口平淡，尚适口，无粗杂味
粗浓、粗涩	滋味粗而浓，称"粗浓"；滋味粗且带涩感的称为"粗涩"

表 2-29　花茶滋味评语

评语	说明
浓厚	茶汤中茶味、花香均好，醇厚而鲜爽
鲜爽	鲜洁滑润，有活力，但醇厚不足
醇和	滋味平和顺口，欠浓，刺激性不强
苦涩	味虽浓，但不鲜不纯，茶汤入口，舌头麻木，味带粗
水味	滋味极不鲜爽，水花窨制或起花烘干不及时造成带水的滋味

表 2-30　白茶滋味评语

评语	说明
醇爽	滋味浓和、鲜爽，毫味足
醇厚	滋味浓和，浓度较好，毫味不显
清甜	滋味清爽，带甜口
青味	滋味淡，青草味重，多为萎凋不足

表 2-31　紧压茶滋味评语

评语	说明
平和	味较淡而正常
粗淡	味粗而淡薄

④叶底评语见表 2-32~表 2-34。

表 2-32　　　　　　　　　　　　　红茶叶底评语

评语	说明
红嫩	叶色红亮，叶质细嫩
红艳、红亮	叶底红而鲜艳，称为"红艳"；叶底红而不鲜艳，称为"红亮"
红匀	叶底老嫩较一致，红色深浅较接近
红暗、深暗	叶底红而带暗，称为"红暗"；暗的程度较深的称"深暗"。这两种情况都是由于鲜叶加工不及时或发酵过度引起的。红茶陈化，其叶底也常见红暗
青暗	叶底欠红、青褐带暗
乌暗	叶底如猪肝色
枯暗	叶底无光泽
花青	叶底色泽红里带青（发酵不足所致）

表 2-33　　　　　　　　　　　　　绿茶叶底评语

评语	说明
绿嫩	叶色翠绿，叶质细嫩
嫩绿	色似苹果绿，有光泽
青绿	叶底呈墨绿色或保持青绿原色
黄绿	叶底呈黄色带绿，即草黄色
青张	叶底夹有生青叶片
靛青	叶底呈蓝绿色。由紫芽种鲜叶制成的茶，常有此种叶底色泽
红茎、红梗、红叶	叶底的茎、梗、叶片变为红色，是绿茶最差的叶底色泽

表 2-34　　　　　　　　　　　　　青茶叶底评语

评语	说明
发酵适度	绿叶红边，红色明亮鲜艳，是"做青"好的表现
匀整、均匀	叶底老嫩一致，叶色均匀
青张	萎凋不足、发酵不够所形成的青色叶片
暗张、死张	初制不及时，鲜叶受机械损伤，以致叶张发红。在产品中夹杂暗红叶片，称为"暗张"；夹杂死红叶片，称为"死张"

3）评语中常用的副词。茶叶组成复杂，等级较多，不可能全用术语来说明茶叶品质的优次。如几个品质相近的茶叶，对照标准样不分上下，此时可在评语的前面加上表示差异程度的副词，如"尚""欠""微""略""稍""带""较"等。现将几个不同副词的含义及用法简述如下。

①"尚"。衡量某种茶叶的品质不够，用具体评语表示品质一般，基本接近，如"尚嫩""尚浓""尚结实"等，副词"尚"的后面是褒义词。

②"欠"。在规格要求或某种程度上还不够，如"欠紧结""欠亮""欠嫩""欠均"等。副词"欠"的后面一般是褒义词。

③"微"。用在某种程度很轻微时，如"微扁""微苦涩"等，副词"微"的后面可以跟褒义词，也可以跟贬义词。

④"略""稍"。用在某种形态不正及物质含量不多时，如"略扁""略弯曲""稍苦涩""稍暗""略有浑甜""略有花香""稍高"等。由于"略"与"稍"两词含义基本相同，程度上没有什么区别，用时注意语气和习惯即可。"略""稍"两词的后面既可以跟褒义词，也可以跟贬义词。

⑤"带"。在某种程度上轻微含有，隐隐可见或隐隐感觉到存在，如"带有花香""带有烟气""带涩""带扁"等，有时可与其他副词连用，如"略带花香""略带烟气""略带苦涩"等，在程度上比单独使用时更轻些。一般只是作为辅助说明，不是主要特点。

⑥"较"。用于两茶比较时，表示品质基本接近，但是在某些评茶因子上还是存在差距。在等级评语中，用在褒义的品质评语前，表示品质稍差，如"紧细""较紧细"，后者比前者品质稍差；用在贬义的品质评语前，表现品质稍好，如"暗""较暗"，"茶梗多""茶梗较多"，前者比后者品质稍差。但在对样审评中，"较"后面跟褒义词时，表示审评样比对照样品质要好一些，如"较紧细"；"较"后面跟贬义词时，则表明审评样比对照样要差一些，如"较粗松"。

评茶时为进一步明确评语，有时用四字句，如"白毫显露""颗粒紧结""身骨重实""清澈明亮""鲜洁爽口""扁平尖削""翠绿光滑"等。

（3）评语的作用与应用。评语是通过简洁的词汇表达茶叶品质状况，也是对茶叶各项因子优缺点的描述。不同茶类、不同因子，评语有所不同。评语的作用，不仅在于说明茶叶品质在各个方面的实际情况，而且也用于指导生产，改进加工工艺，不断提高茶叶产品质量。例如，对于条索细紧秀长、锋苗显露的工夫红茶，评茶员通常用"紧秀"这个评语来概括其优点；又如在初制的审评中，因揉捻发酵不足，使部分叶底产生了"青斑"或"青块"，评茶员通常用"花青"这个评语来指出其缺点。此外，不同的评茶员，在使用评茶术语方面也不尽相同。例如，红碎茶滋味浓强，有的评茶员用"浓强"，有的评茶员则用"浓烈"，还有的用"味浓并富有收敛性"等；又如对外形色泽不一致的茶样，有的评茶员用"花杂"，有的则直接用"杂"，也有的用"色花"等。虽然评茶员所使用的评茶术语有所不同，但就内容而言都是表达茶样的某一特征，其含义基本相同。所有评茶术语概括起来可分为以下两大类。

1）表达茶叶品质优点的褒义词。用于描述茶叶外形的有：细紧、细嫩、紧秀、圆结、重实、匀齐等。用于描述茶叶香气的有：高香持久、清香、花香、板栗香等。用于描述茶叶滋味的有：浓、强、鲜爽、醇厚等。用于描述茶叶汤色的有：清澈、红艳、红亮、绿亮等。用于描述茶叶叶底的有：匀嫩、厚实、明亮等。

2）表达茶叶品质缺点的贬义词。用于描述茶叶外形的有：松黄、短碎、轻飘、花杂、脱档等。用于描述茶叶香气的有：低闷、粗老气、烟气、异气等。用于描述茶叶滋味的有：淡薄、苦涩、粗淡等。用于描述茶叶汤色的有：深暗、泛红、浑浊等。用于描述茶叶叶底的有：粗老、瘦薄、暗褐、花青等。

评茶所用术语既反映被审评茶叶的品质特点，同时也反映了茶叶加工鲜叶的优次、采用的工艺以及加工人员技术水平的高低。例如，叶底的老嫩、厚薄、壮瘦、含芽头的多少等，都反映了加工鲜叶原料的嫩度；外形的松紧、整碎、色泽的花杂，内质的鲜闷、老火、烟焦气，叶底的花青，绿茶叶底的红梗、红叶等，都反映了制茶方法和制茶人员的技术水平。此外，有些评茶术语反映的是茶叶包装存储条件的好坏，如失风、陈气、木气及其他异气等，反映了茶叶包装存储条件较差或时间较长。

评语有等级评语和对样评语之分。等级评语反映的是茶叶等级特征，要求上一级茶的评语一定要高于下一级。例如，长炒青绿茶特级珍眉条索的评语用"细嫩多毫"，一级珍眉则用"细紧匀齐"等。因此，从评语上就可以看出各级茶叶的品质要求和等级特征。对样评语则不同，它没有等级特征之分，只是反映被审评茶样与对照样之间的品质差距。如果没有差距，评语一般用"相符"或"相当"，评茶术语的运用没有等级的概念，所有评语都可以自由运用。例如，"粗松"这个词语，在特级茶中可以用，在最低级茶叶中也可以用，这就是对样评语的特点。

为了使对样评语在评茶术语上运用得更为确切，通常评茶员在评茶之前会加上一些表示程度差异的副词，如"稍""较""尚""欠"等。例如，条索评语"粗松"前面加上"稍"，即"稍粗松"，说明被评茶叶在条索方面比对照样要稍微粗松些；如加"较"，即"较粗松"，则说明在程度上差异要大一些。

2. 评分与评语之间的关系

评分即评茶的记分，是评茶员通过给分多少来表示被评茶叶的品质高低程度和质差大小的一种方法，分差越大，质差或级差也就越大。评分与评语都是用来表达茶叶品质高低、优次的一种方法，由于表现方式不同，所以给人们的感受也不一样。从评分的多少，可以直接看出被审评茶叶的品质差距和级差大小，但不能看出质差和级差的原因。评语是对被审评茶叶优缺点的描述，指出了被审评茶叶的品质高低、优次的具体原因，但它又不能反映高低、优次的程度。因此，评分和评语是相互依赖、缺一不可的，评分是茶叶品质高低的量化，评语则是茶叶品质优劣的说明。

第2节 茶叶品质的形成

茶叶品质是指茶叶的色、香、味、形。影响茶叶品质的主要因素是茶叶鲜叶中所含有的化学成分以及鲜叶在加工过程中一些物质经过化学变化而产生的一些新的化学成分，如水分、茶多酚、氨基酸和蛋白质、咖啡因、芳香类物质、色素、碳水化合物、有机酸、维生素和酶类、脂类，以及无机成分等。本节将说明茶叶中的化学成分与茶叶品质之间的内在联系。

一、茶叶中的化学成分与品质的关系

目前，通过对茶叶中化学成分的分析，已经知道茶叶中含有的化学成分有500多种，其中有机物约450种。茶叶的鲜叶中，水分是含量最多的物质，约占75%，其他干物质之和约占25%。茶叶的色、香、味就是靠这些物质通过不同的加工工艺而形成的。

1. 水分

众所周知，水是生命之源，一切有生命的物体都离不开水。水是一切新陈代谢和物质变化都不可缺少的先决条件，茶树也一样，它要进行生命活动，就需要水。但经过检测，水在茶树各部位的分布是不均匀的，代谢旺盛的嫩芽、嫩叶以及输送水分的未木质化茶梗含水量较高，其中以嫩茎梗最高，其次是嫩芽，再次是叶片，新叶片含水量高于老叶片。芽叶不同部位的含水量见表2-35。

表2-35　　　　　　　芽叶不同部位的水分含量

芽叶部位	芽	第一叶	第二叶	第三叶	第四叶	嫩茎梗
含水量	77.6%	76.7%	76.3%	76.0%	73.2%	84.6%

鲜叶在加工过程中，由于水分的迅速减少和温度的变化，改变了叶细胞内各种成分的浓度，打破了原来的动态平衡，从而激活了细胞内一些物质。这些物质在各种酶的作用

下，发生了一系列复杂的化学变化，生成了一些新的物质，这是形成茶叶品质的关键之一。因此，鲜叶在加工过程中，如何控制鲜叶水分含量是非常重要的，也是形成茶叶品质好坏的重要因素。

此外，成品茶水分的含量与储藏也有密切关系。一般来说，茶叶水分含量高，发生化学变化的速度快，保质期较短；水分含量低，发生化学变化的速度较慢，保质期相对长一些。因此，各种茶叶在储藏时，水分含量不宜太高，一般精制茶控制在3%~5%，毛茶控制在6%，最高不宜超过7%，否则，茶叶品质很容易发生变化，在很短的时间内就改变了原有的品质特征。

2. 茶多酚

茶多酚是茶叶中多酚类物质的总称。主要由儿茶素、黄酮类物质、花青素和酚酸类物质组成，占鲜叶干物质的30%左右，其中儿茶素（也称黄烷醇类）所占比例最高，约占茶多酚总量的70%。儿茶素又分酯型儿茶素和非酯型儿茶素，酯型儿茶素具有较强的苦涩味和收敛性，非酯型儿茶素则含量不多，苦涩味和收敛性较弱。黄酮类物质也有苦涩味，自动氧化后苦涩味较弱，饮后有爽口的感觉。

茶多酚是形成茶叶滋味的重要成分之一，一般来说茶多酚含量越多，茶汤的滋味就越苦涩。所以，在制茶过程中，根据不同茶类的品质要求，要适当控制茶多酚的含量。制绿茶时，茶多酚要适量减少，从而减少绿茶茶汤的苦涩味；制红茶时要大量减少茶多酚，一般要减少40%左右，否则会影响红茶的滋味特征。

3. 氨基酸和蛋白质

氨基酸和蛋白质都是茶叶中的主要含氮物质，占鲜叶干物质总量的7%左右，大多数氨基酸都有鲜味。由于氨基酸结构类型的不同，不同的氨基酸味道也有所不同，如茶氨酸具有鲜甜味，谷氨酸具有酸鲜味，个别的氨基酸则具有怪味。

氨基酸是组成蛋白质的基本单位，茶叶中的蛋白质虽然含量较高，但是绝大多数都不溶于水，能溶于水的蛋白质含量仅占蛋白质总量的1%~2%。因此，茶叶中的蛋白质很少能被人体吸收。

在制茶过程中，一部分蛋白质在酶的作用下水解为氨基酸，增加了茶汤的鲜味，有利于茶叶品质的提升。所以，制作绿茶时要选择蛋白质含量高的茶树品种的鲜叶，增加茶叶中氨基酸的含量；而制作红茶时则相反，蛋白质含量不宜过高，因为氨基酸含量过高，在制红茶的过程中，氨基酸与一部分茶多酚作用形成一种不可溶性的物质，这种物质固定在叶片中，对芽叶的发酵有影响，不利于红茶品质的提升。

4. 咖啡因

咖啡因是茶树体内生物碱的一种，约占鲜叶干物质总量的4%。在茶树体内，咖啡因以芽和嫩叶中含量较高，茎梗中含量最少，并随着叶片成熟老化而逐渐减少。此外，鲜叶中还含有少量的茶叶碱和可可碱物质，也是茶叶滋味苦涩的因素之一，如紫芽和夏秋茶。

5. 芳香类物质

茶叶中芳香类物质化学组成种类较多，如酸类、醛类、醇类、酚类、萜烯类等，习惯上称为芳香油。茶叶中芳香油含量虽少，一般不到0.02%，但对茶叶品质的高低起着重要作用。

茶叶中的芳香类物质已发现的有300多种，绿茶中发现近50种，红茶中较多，有300种以上。这些芳香类物质基本上来源于两个方面，一方面是鲜叶本身所含有的，另一方面则是鲜叶在加工过程中，由于化学反应而生成的。绿茶在加工过程中，鲜叶中的一些低沸点芳香类物质，如青叶醛，在高温杀青时，大部分都挥发了，而这些低沸点的物质香型一般都不好。经过高温杀青留下的芳香类物质沸点都比较高，一般在200℃以上，如水杨酸甲酯、苯乙醇等，这些芳香类物质都具有良好的香气，形成了绿茶的清香。红茶在加工过程中，经过萎凋、发酵工序，形成了大量的醛类和酯类物质，这些芳香类物质是形成红茶香气的重要来源。

6. 色素

茶叶中含有各种色素，按照其溶解性能来分，大体可分为两大类，即水溶性色素和脂溶性色素。前者包括花黄素（黄酮类物质）、花青素、黄烷酮、黄烷醇等，后者包括叶绿素、叶黄素、胡萝卜素等。经研究发现，黄酮类物质在制茶过程中的产物是棕黄色或棕红色的，是导致绿茶暗黄或泛红的原因之一。花青素也一样，如含量高，则绿茶干茶发暗，汤色深暗，叶底呈靛蓝色，并且滋味伴有苦味，对绿茶的品质极为不利。

7. 碳水化合物

茶叶中的碳水化合物，又称糖类化合物，一般含量为20%~30%。其中单糖类主要有葡萄糖、果糖、核糖、甘露糖等；双糖类有蔗糖、麦芽糖、乳糖等；多糖类有淀粉、纤维素等。此外，茶叶中还有含杂多糖的果胶物质。

茶树中糖类化合物多数是作为植株结构物质存在的，一般鲜叶中含量往往与原料品质呈负相关。糖类化合物含量的高低是制茶原料老嫩的标志，同时也能反映品质的优劣。单糖能溶解于水，是构成茶汤甜味的成分之一，在制茶过程中，也是构成香气的成分之一，评茶中通常所讲的"板栗香""甜香""焦糖香"等都与茶叶中的单糖有密切关系。

8. 有机酸

茶树的芽叶中含有多种游离的有机酸，目前从茶叶香气成分中发现有 25 种，其中一类是二羧酸和三羧酸，如琥珀酸、苹果酸、柠檬酸等；另一类是脂肪酸类，如乙酸、丙酸、戊酸等。这些有机酸有的是香气的组成成分，有的本身虽无香气，但在氧化或其他条件的作用下，可转化为香气成分。

9. 维生素和酶类

维生素和酶类从化学结构上看，是两类不同性质的成分，但从机体中生理效应来说，却有相似之处，有些维生素就是酶的组成成分，数量少而作用大。

茶树的鲜叶中含有多种维生素，占干茶的 0.6%~1%，如维生素 A、维生素 B_1、维生素 B_2、维生素 C、烟碱酸、泛酸、叶酸、维生素 H、维生素 P 等，其中维生素 B_1、维生素 C、烟碱酸及泛酸在茶叶中含量比一般食品高，维生素 B_2、维生素 C 和维生素 P 都能溶于茶汤中，能被人体充分吸收。因此，饮茶也能获取一定量的维生素，对人体有保健作用。

茶叶中的酶是一种生物催化剂，具有含量少、作用大的特点，但茶叶中酶的系统较为复杂，现在的研究除了对多酚氧化酶认识稍多一些外，其他还有待于进一步探讨。目前的研究结果认为，茶叶中的多酚氧化酶是一种蛋白酶，具有蛋白质的一般特性。温度对酶的活性作用有很大影响，一般随着温度的上升，其活性会逐渐增强。当温度达到 45~55℃ 时，活性最大；超过 55℃ 以后，酶活性开始减弱；当温度到达 80℃ 以上后，酶就失去了活性而被破坏。绿茶制作中的高温杀青工艺就是利用了酶的这个特性，在很短的时间内，使杀青叶的温度达到 80℃ 以上，让杀青叶中的酶很快失去活性，而红茶则相反，在萎凋和发酵工序中要充分提高酶的活性，所以在发酵温度不够时，要加温提高酶的活性。

10. 脂类

茶树叶子和种子中都含有脂类物质，叶子中含量在 8%，种子中含量最高，达 30% 左右。脂类包括脂肪、磷脂和蜡质。脂肪是脂肪酸与甘油化合形成的；磷脂是磷酸甘油和磷酸酯类复合物的混合物；蜡质是脂肪酸与高级一元醇化合形成的。茶树叶片中的蜡质含量与茶树的抗寒性有关。蜡质越厚，耐寒性越强；反之耐寒性越差。茶树的种子含脂类物质较高，通过一定的加工工艺，可以制成茶籽油。

11. 无机成分

茶叶经高温灼烧后，剩下的无机成分占干物质的 4%~7%，也就是通常讲的灰分。它主要是各种元素的氧化物，其中氮元素含量最高。经化学分析发现，灰分中的 50% 是钾盐，15% 是磷酸盐，其次含有钙、镁、锰、铝等金属元素。此外，灰分中还含有少量铜、锌、镍、铍、钛、硫、氟等元素，具体含量见表2-36。

表2-36　　　　　　　　茶叶中无机成分的含量

成分	含量	成分	含量
氮（N）	3.5%~5.8%	铝（Al）	0.02%~0.15%
磷（P$_2$O$_5$）	0.4%~0.9%	氟（F）	0.002%~0.025%
钾（K$_2$O）	1.5%~2.5%	锌（Zn）	0.002%~0.006 5%
钙（CaO）	0.2%~0.8%	铜（Cu）	0.001 5%~0.003%
镁（MgO）	0.2%~0.5%	钼（Mo）	0.000 4%~0.000 7%
钠（Na）	0.05%~0.2%	硼（B）	0.000 8%~0.001%
氯（Cl）	0.2%~0.6%	镍（Ni）	0.000 03%~0.000 3%
锰（MnO）	0.05%~0.3%	铬（Cr）	0.000 2%~0.000 3%
铁（Fe$_2$O$_3$）	0.01%~0.03%	铅（Pb）	0.000 6%~0.000 7%
硫（SO$_4$）	0.06%~1.2%	镉（Cd）	0.000 15%~0.000 2%

二、茶叶形状的形成

茶叶的形状是组成茶叶品质的重要内容之一，也是区别茶叶品种、花色的主要依据。

1. 茶叶形状的形成

我国茶类较多，品种、花色也丰富多彩，茶叶形状多数具有一定的艺术性。不管是何种形状的茶叶，都是通过在制茶过程中制茶人员采用不同技术措施而形成的。用力的方式、轻重是形成茶叶不同形状的主要因素，其中用力的方式有揉、炒、拍、压、抖、扣等。一般来说，茶叶形状的形成都是以揉捻技术为基础，通过不同的用力方式，形成制茶所需要的形状，再通过干燥技术最后定形，从而决定茶叶的不同形状。以下以条形茶、圆形茶、扁形茶、针形茶、片形茶和团块形茶为例，分别说明。

（1）条形茶。鲜叶经杀青或萎凋后失去部分水分可使芽叶逐渐变得柔软，利于揉捻而不会使芽叶折断。杀青叶经揉捻成条、解块筛分（见彩图1）、理条后，再进行烘干（见彩图2）或炒干。烘干就是将揉捻、解块、理条后的芽叶均匀地铺在烘干器具上，在适当的温度下和合适的时间内，蒸发芽叶水分，使芽叶水分达到规定的含量，同时也固定了茶叶的外形，如绿茶中的烘青；炒干则是使芽叶沿圆弧形的锅壁或圆筒形的筒壁滚动摩擦，以茶叶自身重量的相互挤压，且在多种力的作用下，使条索越炒越紧，越挤越实，从而变得圆紧光滑，如绿茶中的炒青。

（2）圆形茶。鲜叶经杀青、揉捻，并经初步干燥基本成条后，在专用的斜锅中炒制，芽叶经过相互挤压、推挤等的作用，可逐步造型。先炒三青，失去部分水分，做成虾形，再根据芽叶中水分散失的情况做对锅，使芽叶逐步成圆茶坯，最后做大锅，使芽叶成为颗粒紧结的圆形茶，如绿茶中的珠茶。

（3）扁形茶。鲜叶经杀青或揉捻后，采用压扁的手法，使芽叶形状呈扁形。例如，制作龙井茶的青锅分拖、榻、摩、挺4种手法，辉锅分拖、榻、荡、钩、摩、吐6种手法，才能制出扁平光削的外形；大方茶在揉条后，在炒锅中经烤扁操作，才能制出呈竹叶状长扁直条的外形。

（4）针形茶。鲜叶经杀青后在平底锅或平底烘盒上搓揉紧条，搓揉时，双手的手指并拢平直，茶条从双手两侧平平落入平底锅或烘盒中，边搓条、边理条、边干燥，从而使茶条圆浑、光滑、挺直，形似针状，如南京雨花茶、安化松针。

（5）片形茶。片形茶的制作分炒生锅、炒熟锅和干燥3道工序，制成的茶叶直顺不弯曲，不折叠，不成麻绳条，叶片的边缘微向背翻卷，形似瓜子。例如，六安瓜片炒生锅用特制的炒茶帚挑炒叶子，使叶子在炒锅中转动并均匀受热，达到杀青的目的，随着叶片水分的散失，叶缘微向背面翻卷。炒熟锅时，用炒茶帚拍打或压叶片边缘，使微卷的边缘固定下来，最后经烘干即成瓜片茶。

（6）团块形茶。团块形茶是由黑毛茶、红毛茶、绿毛茶等经复制后，再蒸炒灌模，由机械压制或锤棒筑压成各种形状。

2. 茶叶形状的类型

茶叶形状包括干茶形状和叶底形状。

（1）干茶形状

1）条形。条形茶的长度是宽度的许多倍，有的外表圆浑，有的外表有棱角，比较毛糙，条索均紧结有锋苗。属于条形茶的种类较多，如绿茶中的炒青、烘青、特珍、珍眉、特针、雨茶等，红茶中的红毛茶、工夫红茶、小种红茶等，特种茶中的各种毛峰、毛尖、云雾茶等，青茶中的水仙等。

2）卷曲形。卷曲形茶鲜叶细嫩，布满白毫，制茶过程中有搓团提毫工艺，条索紧细卷曲，白毫显露。属此类型的茶有碧螺春、都匀毛尖等。

3）圆珠形。圆珠形包括腰圆形、拳圆形、盘花形等。圆珠形茶颗粒细紧滚圆，形似珍珠，如珠茶。腰圆形的有火青；拳圆形的有切口，如贡熙；盘花形的茶条卷曲紧结，如泉岗辉白。

4）螺钉形。螺钉形茶条顶端扭结成圆块状或芽菜状，枝叶基部翘起如螺钉状。属此类型的茶有闽南青茶、铁观音、乌龙、包种等。

5）扁形。扁形包括扁条形和扁片形，凡茶扁平挺直，制茶中都有专门做扁的工艺。属此类型的茶有龙井、大方、旗枪等。

6）针形。针形茶条紧圆、挺直，两头尖似针状，属此类型的茶有银针、松针、雨花茶等。

7）花朵形。花朵形茶鲜叶较嫩，制作中不经或稍经揉捻，再经烘干，芽叶相连，形状似花朵，如白牡丹、绿牡丹、小兰花等。

8）尖形。尖形茶两叶抱芽呈自然伸展，不弯曲、不翘、不散开，两端略尖，如太平猴魁。

9）束形。凡鲜叶经加工，烘成半干后，有专门理顺、捆扎的工序，将一定数量的芽梢理顺在一起，用彩色丝线捆扎成不同形状，再去烘干的茶属此类型，如菊花茶等。

10）颗粒形。凡紧卷成颗粒，略具棱角的茶属此类型，如红碎茶等。

11）片形。片形分整片形和碎片形两种。整片形如六安瓜片，叶缘略向叶背翻卷，形似瓜子；碎片形有秀眉、茶片等。

12）粉末形。凡体形>34孔/英寸的末茶，均属此类型，如红碎茶中的末茶。

13）雀舌形。雀舌形茶是指鲜叶一芽一叶初展，制茶后的形状似雀舌的茶条。属此类型的茶有黄山毛峰、敬亭绿雪等。

14）团块形。凡毛茶复制后经过蒸炒压造呈团块形状的茶均属此类型，如米砖、黑砖、老青砖等。

（2）叶底形状。叶底的形状大体可分成芽形、雀舌形、花朵形、整叶形、半叶形、碎叶形和末形7大类。

1）芽形。由单芽组成的叶底属此类型，如君山银针、白毫银针等。

2）雀舌形。此类型茶叶经冲泡后，叶底如雀嘴张开，芽梢基部茎叶相连。制作此类型的鲜叶为一芽一叶初展，如黄山毛峰、敬亭绿茶等。

3）花朵形。凡芽叶完整、冲泡自然展开似花朵的叶底属此类型，如猴魁、白牡丹、绿牡丹、小兰花等。

4）整叶形。此类型叶底是由芽叶或单叶制成的叶底，制茶中没有破碎的工序，如炒青、烘青、六安瓜片、红毛茶等。

5）半叶形。凡经过精制筛切整形后的条形茶，叶底多呈半叶形状，如工夫红茶、眉茶等。

6）碎叶形。凡经过揉切破碎工序制成的毛茶或精制茶叶底均属此类型，如红碎茶、片形茶、绿碎茶等。

7）末形。干茶体形小于34孔/英寸的末茶，其叶底均属此类型，如红碎茶的末茶。

三、茶叶色泽的形成

用于制作各种茶的鲜叶都是绿色的，经过不同制茶工艺，可制出红、绿、黄、青、白、黑等不同颜色的茶类，说明茶叶的色泽与制茶工艺有着密切的关系。茶叶的色泽分为干茶色泽、汤色和叶底色泽3个方面。色泽是茶叶品质特征的主要内容之一，从茶叶的不同色泽可以判别其属于不同的茶类，同时也能分辨茶叶品质的优劣。

1. 茶叶色泽的形成

（1）绿茶色泽的形成。绿茶的色泽要求"三绿"，即外形、汤色和叶底三绿。因此，在制茶技术上必须采取保绿、防止芽叶变红黄的措施。绿茶中的有色物质，有些是鲜叶本身固有的，有些则是制作过程中产生的。鲜叶中叶绿素a、b分别为深绿色和黄绿色，是形成绿茶色泽的主要物质。而制茶过程中，部分叶绿素a、b会向脱镁叶绿素a、b转化，而转化的脱镁叶绿素a、b分别呈现为蓝黑色和暗褐色。因此，在制茶过程中，要力求减少叶绿素a、b向脱镁叶绿素a、b转化，才能保证绿茶的"三绿"。

（2）红茶色泽的形成。红茶的色泽要求"红汤红叶"，干茶要求乌黑色或棕褐色。在制茶过程中，必须破坏叶绿素，促进多酚类物质氧化，使之形成茶黄素和茶红素等有色物质，茶黄素和茶红素是决定红茶色泽的主要物质。红茶的萎凋和发酵必须适度，既不能不足，也不能过度。如果不足，叶底会含有青色，也就是通常讲的花青；如果过度，干燥又不及时，多酚类物质氧化深刻，茶黄素和茶红素会大量变为茶褐素，往往使红茶干茶色泽发黑、灰枯，汤色暗红，叶底暗红或乌条暗叶，影响红茶的正常品质。

（3）茶叶中其他色泽的形成。乌黑色也是茶叶的重要颜色，如红茶干茶要求乌黑色，这是优质红茶的特征。乌黑色是叶绿素在制茶过程中分解的产物，此外，还有果胶素、蛋白质、糖类和多酚类物质的氧化产物，经干燥后所呈现的色泽也是乌黑色。黑茶所呈现的黑色，是茶叶中的多酚类物质在渥堆过程中受微生物的作用，氧化后与氨基酸结合产生的黑色素。

2. 茶叶色泽的类型

鲜叶中内含的物质经制茶过程的变化，形成了各种有色物质，由于这些有色物质在茶叶中的含量和比例不同，从而使各类茶叶呈现出不同的色泽特点。现按干茶色泽、汤色和叶底色泽分别分类如下。

（1）干茶色泽类型

1）翠绿型。鲜叶嫩度好，为一芽一、二叶初展，新鲜，绿茶制法，杀青质量好，在短时间内迅速彻底破坏酶的活性，其余工序处理及时、合理，如龙井、瓜片、毛尖等。

2）深绿型。鲜叶嫩度好，为一芽一、二叶，新鲜，绿茶制法，杀青投叶量较多，质量好，其余工序处理及时、合理，外形条索紧结，如高级炒青、滇晒青等。

3）墨绿型。鲜叶较嫩，为一芽二、三叶，如烘青、珠茶等。

4）黄绿型。鲜叶嫩度为一芽三叶，第三叶接近成熟或嫩度较高的对夹叶，绿茶制法，如正常的中下档烘青、炒青、小兰花等。

5）嫩黄型（浅黄型）。鲜叶细嫩，嫩黄色，一芽一叶，制作中有闷黄工序，属黄茶制法。该色为高级黄茶典型色泽，干茶嫩黄或浅黄，茸毛满布，如蒙顶黄芽、莫干黄芽等。

6）金黄型。鲜叶嫩黄色，单芽或一芽一叶初展，黄芽或绿茶制法合理，如君山银针、黄山毛峰等。

7）黄褐型。鲜叶较粗老，制茶过程有长时间的闷黄。在高火、烘烤、湿热的作用下，内含物有部分聚合变化，由可溶性小分子物质聚合成不可溶性大分子物质。这些大分子物质都是呈色物质，它的形成与增加造成黄色加深为黄褐色，其中不溶部分留在叶底里，使之呈黄褐色，如黄大茶等。

8）黑褐型。鲜叶较老，有渥堆或发酵工序，制作中在湿热作用下进行，内含物质发生聚合变化而呈现黑褐色，如黑毛茶、普洱茶等。

9）砂绿型。鲜叶具有一定的成熟度，一芽二、三叶，青茶制法，火功足，干茶色泽具砂绿光润，如铁观音、乌龙茶等。

10）灰绿型。鲜叶较细嫩，一芽二叶，经萎凋干燥工序，干茶绿中带灰，如白牡丹等。

11）青褐型。鲜叶绿色，叶张厚实，干茶色泽褐中泛青，如青茶中的水仙等。

12）乌黑型。干茶色泽乌黑而有光泽，如工夫红茶，采用一芽二、三叶的鲜叶制成。传统制法红碎茶的中上档茶往往具有乌黑型色泽。

13）棕红型。干茶色泽棕红，一般是红碎茶的色泽。如转子机或C.T.C制法所得的红碎茶等。

14）银白型。鲜叶嫩度为单芽或一芽一叶，芽叶上白毫较多，采用保毫制茶工艺，不经揉捻（或轻度揉捻），直接采用干燥工艺，使干茶芽叶上满布白毫，如白毫银针等。

(2) 汤色和叶底色泽类型

1）浅绿型。鲜叶嫩度好，为一芽一、二叶初展，绿茶制法，揉捻轻，叶组织破坏率不高，其他工序及时、合理。一般香气清鲜，味鲜醇，汤色叶底浅绿鲜亮，如云雾、毛尖、毛峰等。

2）碧绿型（也称翠绿型）。鲜叶细嫩，制作得法，具有碧绿的汤色和叶底，如高级龙井、瓜片等。

3）深绿型。鲜叶为一芽二叶初展，制作中采用高温杀青，轻揉捻，叶底带深绿色，汤色呈深绿色或黄绿色，如烘青类茶等。

4）黄绿型。鲜叶为一芽二、三叶，新鲜，绿茶制法，属大众化的绿茶汤色和叶底，一般为绿中带黄，叶底黄绿明亮，如眉茶、珠茶等。

5）浅黄型。鲜叶嫩度好，单芽或一芽一叶初展，新鲜，杀青后稍有闷黄或初包，主要是黄茶的特征，复包的黄茶汤色和叶底也属此类型。

6）金黄型。鲜叶具有一定的成熟度，一般为一芽二、三叶，新鲜，青茶制法，汤色金黄，如铁观音等。

7）橙黄型。鲜叶具有一定的成熟度，一般为一芽二、三叶，新鲜，青茶制法，在制茶中要求多酚类物质氧化程度较深，具有橙黄的汤色，如闽北水仙等。

8）紫红型。鲜叶具有一定的嫩度，经杀青后渥堆，多酚类物质氧化程度深，具紫红的汤色，叶底黑褐色，如黑茶中的六堡茶等。

9）黄褐型。鲜叶较粗老，杀青后有闷黄或渥堆的工序，汤色呈橙红色，叶底暗黄色，如黑茶中的黑毛茶、黄茶中的黄大茶等。

10）青褐型。鲜叶具有一定的成熟度，青茶制法，经萎凋、摇青（见彩图3）后轻度氧化，经杀青后，保持了一定的青绿色叶底，如青茶等。

11）红艳型。鲜叶内含物质丰富，尤其是多酚类、儿茶素的含量高，鲜叶新鲜，红茶制法，具有浓、强、鲜的特点，叶底、汤色红艳，如红茶中的红碎茶等。

12）红亮型。鲜叶较嫩、新鲜，红茶制法，制作及时合理，干茶色泽黑褐、油润，叶底、汤色红亮，如红茶中的工夫红茶等。

13）红暗型。鲜叶粗老，发酵程度深，汤色、叶底红而发暗，如红砖茶等。

四、茶叶香气的形成

茶叶的香气主要来源于鲜叶中芳香类物质以及制茶过程中其他物质转化而来的带有香气的物质。茶叶种类不同，所含的芳香类物质也不同，它在茶叶中含量较少，一般只有0.03%~0.05%，但种类很多。形成香气的主要成分有十几种之多，主要有碳氢化合物、醇类、醛类、酸类、酯类、酚类、过氧化物、硫化合物、吡啶类、吡嗪类、喹啉类、芳胺类、杂类等。茶叶香气不是由某种或几种成分构成的，而是由很多种成分综合形成的。

1. 茶叶香气的形成

（1）绿茶香气的形成。绿茶香气的主要成分是芳香类物质，含量在0.02%左右，其含量虽少，但构成香气成分的种类近200种。其中，有的是鲜叶中原有的，有的则是在制茶过程中形成的。低沸点的芳香类物质在杀青过程中大部分挥发了，剩下的都是高沸点的芳香类物质，含量虽少，但使得绿茶具有良好的香气，如芳樟醇，鲜叶中只有2%，经过杀青工序，破坏了酶的活性，抑制了醇类的氧化作用，绿茶芳香油中醇类含量增加，制成绿茶后，芳樟醇的含量增加到10%。在烘炒过程中，糖类受热发生焦糖化，也散发出不同香气，如板栗香、甜香等。此外，有些氨基酸氧化后生成的异戊醛，丙氨酸氧化后生成的苯乙醛，都是构成茶叶香气的成分。

(2) 红茶香气的形成。红茶香气的芳香类物质中只有很少一部分是鲜叶中含有的，绝大部分都是在制作过程中由其他物质转化而来的。经鉴定，红茶香气中有325种成分，以醇类、醛类、酮类、酯类等含量最多，约为0.23%。鲜叶经过萎凋工序，其中的某些成分发生了变化，芳香类物质有显著增加，羟基化合物增加了10倍，增长最多的是正乙醇、橙花醇、反-2-己烯醇，而顺-2-戊烯醇、沉香醇、苯甲醇、苯乙醇以及乙酸则显著减少。实验表明，儿茶素氧化后在苯丙酸存在的条件下可产生玫瑰花香，在天门冬酰胺存在的条件下可产生苹果香，在丙氨酸和缬氨基存在的条件下可产生花香味等。此外，萎凋过程中产生芳香类物质的因素还有类脂的降解、胡萝卜素的转化、氨基酸的转化等。

在揉捻和揉切后，由于酶的催化作用，加速了多酚类的氧化聚合等变化，也形成了一些芳香类物质。在发酵和干燥过程中，由于热的作用，也促使芳香类物质有很大变化，这些变化都影响红茶芳香类物质的形成，并参与红茶香气的组成。

(3) 青茶香气的形成。青茶（乌龙茶）属半发酵茶，香气成分的含量介于绿茶和红茶之间，以花香突出为特点。构成乌龙茶"香气"的主要成分是橙花叔醇和吲哚，此外，还有茉莉内酯、酮酸甲酯等。乌龙茶在制作过程中，鲜叶也要经过萎凋工序，鲜叶在此过程中发生的变化与红茶有些类似。但在摇青（也叫做青）过程中，鲜叶的部分叶面受到机械损伤，鲜叶中的糖以及多酚类物质在各种酶的作用下进行分解，使橙花叔醇之类的萜烯醇等物质变成游离状态，散发出花香，如铁观音茶叶中具有的栀子花香和玫瑰花香。

2. 茶叶香气的类型

(1) 毫香型。凡有白毫的鲜叶，嫩度在一芽一叶以上，经正常制茶过程，干茶白毫显露，冲泡时散发出的香气称为毫香，如银针、部分毛尖和毛峰等。

(2) 嫩香型。鲜叶为一芽二叶初展，新鲜柔软，制茶及时、合理，有嫩香，如毛尖、毛峰等。

(3) 花香型。鲜叶嫩度为一芽二叶，制法得当，茶叶散发出类似各种鲜花的香气。按花香的不同又分为清花香和甜花香两种，属清花香的有兰花香、栀子花香、珠兰花香、米兰花香、金银花香等；属甜花香的有玉兰花香、桂花香、玫瑰花香等。属花香型的茶有青茶、花茶和部分红茶、绿茶等。

(4) 果香型。凡茶叶中散发出类似各种水果香气，如毛桃香、蜜桃香、雪梨香、桂圆香、苹果香等都属此种类型，如闽北青茶、红茶等。

（5）清香型。鲜叶嫩度为一芽二、三叶，制茶及时、正常。清香是绿茶的典型香，少数闷堆程度较轻、干燥火功不饱满的黄茶和青茶类摇青做青程度偏轻及火功不足的香气也属此香型。

（6）陈醇香型。凡鲜叶较老，制茶中有渥堆醇化过程，均属此类型，如六堡茶、普洱茶及大多数的紧压茶。

（7）松烟香型。凡在制作干燥工序用松柏或枫球、黄藤等熏烟的茶叶会带有松烟的香气，属此香型的茶有小种红茶等。

五、茶叶滋味的形成

茶叶滋味是组成茶叶品质的主要项目之一。自从茶叶作为饮料以来，人们就开始了对茶叶滋味的形成和转化以及茶汤中有味物质的研究。但是，茶叶滋味的组分相当复杂，至今仍未彻底解决。研究人员认为，影响红茶、绿茶滋味的主要物质有多酚类、氨基酸、咖啡因、糖类和果胶物质等，这些物质都有各自的滋味特征。因此，探讨滋味的形成、分类，必须对茶叶滋味有一个全面的、准确的认识。

1. 各类型茶叶滋味的形成

茶叶的滋味主要是由鲜叶中有味物质以及在制作过程中转化而来的能溶于水的有味物质形成的。这些有味物质主要有涩味物质，如多酚类；鲜味物质，如氨基酸；甜味物质，如可溶于水的糖；苦味物质，如咖啡因、花青素和茶皂素等。

（1）绿茶滋味的形成。制作绿茶的第一道工序就是高温杀青，其作用除了蒸发鲜叶中的一部分水分以外，主要是迅速破坏鲜叶中酶的活性，防止多酚类物质在酶的催化作用下发生大量变化，失去绿茶的品质特征。多酚类物质在湿热的作用下会发生水解，如大量多酚类物质被水解了，茶汤中多酚类物质就会减少，绿茶的滋味就会变淡。

在湿热的作用下，蛋白质虽然被水解了一部分，形成了氨基酸，但增加了茶汤的鲜味。一般认为多酚类与氨基酸含量比值能反映茶汤的滋味品质，高级绿茶要求此比值低，因为多酚类含有涩味，氨基酸是鲜味物质；而低级绿茶此比值则较高。

绿茶在制作过程中，咖啡因有少量升华，减少了茶汤的苦味。淀粉水解为可溶性的糖，增加了茶汤的甜醇度，减少了茶汤的涩味。花青素也是苦味物质，在制茶过程中应尽量减少其含量。

总之，绿茶的滋味是多种物质共同作用的结果。茶汤中多酚类、氨基酸、咖啡因、糖类等物质的比例对绿茶滋味的形成有直接影响。

（2）红茶滋味的形成。红茶的滋味与绿茶不同，工夫红茶的滋味要求甜醇，红碎茶的滋味要求浓厚、强烈和鲜爽。红茶经过萎凋、揉捻工序，由于水分的散失，增强了酶的活性，揉捻时，叶细胞被破坏，使酶与多酚类物质接触而氧化，再经过发酵工序，多酚类的酶促氧化达到了适度，最后经过干燥工序，在高温作用下酶的活性被破坏了，酶促氧化停止，在干热条件下，多酚类还会发生热裂解等作用。总之，在制作过程中，茶叶中的多酚类物质发生了极其复杂的变化，对红茶滋味的形成产生了较大的作用。

红茶在制作过程中，多酚类的氧化产物茶黄素、茶红素和茶褐素是构成茶汤的主要物质。茶黄素是汤味刺激性强烈和鲜爽的主要因素；茶红素是汤味浓醇的主要因素，刺激性较弱；茶褐素是汤味淡薄的因素。茶黄素和茶红素的含量及其比例直接影响茶汤的滋味，两者含量比例适当，则茶汤味醇厚鲜爽，具有工夫红茶味的特点。若茶黄素含量多，茶红素也有一定量，则茶汤味浓厚、强烈、鲜爽，富有刺激性，这是红碎茶的特征。若茶黄素和茶红素含量比例不当，茶黄素含量太多，而茶红素含量不足，则茶汤涩味重、刺激性过强，并带有青味。若茶红素、茶褐素含量过多，则茶汤味淡、刺激性不强。

（3）青茶滋味的形成。青茶（乌龙茶）的制作萎凋工序与红茶基本类似，只是多了"做青"工序。由于鲜叶在摇动过程中，叶缘细胞破损，多酚类物质在酶的作用下，生成茶黄素、茶红素等氧化产物，它们是青茶滋味的主体。再经过杀青工序，破坏了酶的活性，多酚类物质在湿热的作用下，只能自动氧化。由于得不到酶的催化作用，氧化速度比较平缓，有效地控制了多酚类物质的减少，形成了适量的茶黄素和茶红素，并与氨基酸、糖类等其他有味物质综合作用，构成了青茶特有的醇厚、鲜爽、回甘的滋味。

2. 茶叶滋味的类型

根据鲜叶质量、制作方法的不同，茶汤滋味可以分为以下几种类型。

（1）浓烈型。这类味型的茶叶芽壮，叶厚，一芽二、三叶且嫩度较好，内含丰富的物质，制法得当。这类味型绿茶具有清香或板栗香，品尝滋味时，味浓而不苦，富有收敛性而不涩，回味爽口有甜感，如屯绿、婺绿等。

（2）浓强型。这类味型的茶叶鲜叶嫩度较好或品种优良，内含丰富的与味有关的物质。萎凋适度，揉切充分，发酵适度偏轻的茶叶滋味属此类型。所谓"浓"，表明茶汤中浸出物丰富，当茶汤进入口中时，感觉味浓、黏滞舌头；"强"是指刺激性大，茶汤初入口有黏滞感，随后具有较强的刺激性，如红碎茶的滋味。

（3）浓醇型。这类味型的茶叶鲜叶嫩度较好，制法得当，茶汤入口感到内含物质丰富，刺激性和收敛性较强，回味甜而甘爽，如工夫红茶、毛尖、毛峰等。

（4）醇爽型。这类味型的茶叶鲜叶嫩度较好，加工及时、合理，滋味不浓不淡、不苦不涩、回味爽口，如黄茶中的黄芽等。

(5) 醇甜型。这类味型的茶叶鲜叶嫩而显现新鲜,经过合理、讲究的制作工艺而制成,味感甜醇,如安化松针、白茶、小叶种工夫红茶等。

(6) 醇和型。这类味型的茶叶滋味不苦不涩有厚感,回味平和较弱,如六堡茶等。

(7) 平和型。这类味型的茶叶鲜叶较老,整个芽叶约一半以上老化,制法正常,如绿茶、红茶、青茶、黄茶的中下档及黑茶的中档茶。

(8) 醇型。这类味型的茶叶鲜叶较嫩、新鲜,制作及时,揉捻较轻,细胞破损率较低,味鲜而醇,回味鲜爽,如猴魁、大白茶、小白茶、祁红等。

(9) 陈醇型。这类味型的茶叶鲜叶尚嫩,制作中经发水闷堆的陈醇化过程,如六堡茶、普洱茶等。

六、鲜叶质量、制茶技术与茶叶品质的关系

鲜叶是制茶的原料,茶叶品质的优次首先取决于鲜叶质量的好坏,其次取决于制茶技术的运用。

1. 鲜叶质量与品质的关系

鲜叶质量主要是指鲜叶的嫩度、色度(或色泽)、匀净度、新鲜度等。

(1) 嫩度。嫩度是指芽叶的成熟度。顶芽随着新梢不断展叶而日趋细小,展叶结束即成驻芽。叶片自展开至成熟定型,叶面积逐渐扩大,叶肉组织厚度相应增加。在相同品种和栽培条件下,单位重量的芽叶个数越多,鲜叶越嫩。细嫩的鲜叶,茸毛多,叶色嫩绿,叶质柔软,随着鲜叶嫩度下降,叶质变硬,绿色加深,鲜叶中的一些主要化学成分的含量相应改变。一般来说,芽叶的嫩度好,内含成分较多,有利于茶叶品质的形成;芽叶老化,内含成分就减少。用不同嫩度的鲜叶制成的同一类型茶叶,其内含成分有明显差异,见表2-37。

表2-37　　　　　　不同嫩度鲜叶相同工艺制成茶后的成分含量

鲜叶级别	水浸出物含量	茶多酚含量	儿茶素含量	氨基酸含量
3级	45.47%	30.12%	76.30%	3.64%
4级	44.27%	29.53%	70.64%	3.41%
5级	42.44%	26.53%	69.63%	2.50%
9级	37.91%	22.54%	49.79%	1.67%

为了保证茶叶品质,要根据不同茶类,选择鲜叶的采摘标准。一般高档红茶、绿茶对鲜叶的嫩度要求高一些,但也并非都是鲜叶越嫩越好。如青茶(乌龙茶)对鲜叶的嫩度要求并不高,一般一芽二、四叶。

(2) 色度。鲜叶的色度既能反映内含色素的不同,也能反映鲜叶的嫩度,一般淡绿色

叶片较嫩，深绿色叶片则较老一些。不同色度的鲜叶其化学成分含量是有差别的，见表2-38。

表2-38　　　　　　　　　不同色度鲜叶化学成分的最高含量

成分 \ 叶底色度	浅绿色	深绿色	紫色
叶绿素	0.53%	0.73%	0.50%
多酚类	31.37%	28.54%	30.81%
水浸出物	44.56%	48.89%	49.21%
咖啡因	2.31%	2.27%	2.28%
粗蛋白质	30.95%	31.78%	30.97%

深绿色叶片叶绿素含量较多，多酚类含量较少，宜于制绿茶，对品质形成有利。紫色鲜叶花青素含量较高，不论制哪类茶，均对品质不利，制成的茶色泽暗、味苦重、叶底呈深褐色。

（3）匀净度。鲜叶良好的匀净度也是各类茶的一致要求。如果鲜叶的匀净度差，鲜叶老嫩不一、粗细不均，就会给加工带来困难。例如，制绿茶时，嫩芽叶含水率高，要求杀青时间相对长一些；老叶含水率低一些，则杀青时间不宜长，如果时间长，水分散失过多，会给造型带来困难。而且，老的鲜叶和嫩的鲜叶杀青的方式也不一样，嫩的鲜叶要求杀青时多抛少闷，老的鲜叶则要求多闷少抛。净度是指鲜叶的纯净程度。一般来说，鲜叶在采摘过程中或多或少都会带有茶类夹杂物，如枯叶、老梗、花蕾、嫩茶果等，同时还可能带有泥沙、石子等非茶类夹杂物。茶类夹杂物的混入虽然对茶叶的卫生质量没有大的影响，但含量过多也会影响到茶叶的品质；非茶类夹杂物应尽量不带入，否则将直接污染茶叶而影响茶叶的卫生质量。

（4）新鲜度。鲜叶良好的新鲜度是各类茶的共同要求，不管制什么茶，鲜叶以现采现制为好。新鲜度不好的鲜叶，会直接影响成茶的品质，特别是对绿茶影响更大。鲜叶如采摘时间长，其内含成分会发生化学变化，致使制成的绿茶汤色发红，叶底出现红梗、红叶等，从而失去绿茶的品质特征。

2. 制茶技术与品质的关系

鲜叶质量是制茶的基础，制茶技术是茶叶品质的保证。即便有了高质量的鲜叶，如果不能运用良好的制茶技术，也不能制出品质优良的茶叶。制作不同的茶类，采用的制茶工艺也不一样。

（1）绿茶。绿茶的制作分为3道工序，即杀青、揉捻、干燥。

1）杀青（见彩图4）。杀青是制作绿茶的第一道工序，其主要作用是迅速破坏鲜叶中酶的活性，防止多酚类物质发生大量变化，以提高茶汤滋味的浓度，是形成和提高绿茶品质的关键性技术措施。绿茶杀青工序有4个作用，一是通过高温，在很短的时间内破坏鲜叶中酶的活性，防止多酚类物质氧化过多而影响绿茶的滋味，从而获得绿茶应具有的色、香、味；二是蒸发一部分水分，使鲜叶变得柔软，增强韧性，便于揉捻成条；三是散发一些低沸点的物质，除去青气，促进茶香的形成；四是改变鲜叶内含成分的性质，促进绿茶品质的形成。

在杀青过程中，要注意控制温度、时间和投叶量，这些因素都与绿茶品质的形成有密切关系。制作绿茶时，杀青锅的温度应控制为260~300℃，如果没有足够的温度，酶的活性不能很快被破坏，易发生红梗、红叶现象；如果锅温过高，鲜叶失水过多，易形成焦叶而影响茶叶的滋味和香气。投叶量多少和杀青时间长短，一般视锅的大小和温度的高低来定，锅大、锅温高，投叶量可多一些；锅小、锅温低，投叶量可少一些；如锅温高、锅小，投叶量少，则时间可短一些；如锅温低，投叶量多，时间可长一些。对锅式杀青来说，一般锅温保持在220℃，投叶量为4 kg，经6 min便可达到杀青目的。杀青总的原则是高温杀青，先高后低；透闷结合，多透少闷；嫩叶老杀，老叶嫩杀。

鲜叶杀青机类型较多，大体可分为锅式杀青机、滚筒杀青机和槽式杀青机3种。

2）揉捻（见彩图5）。揉捻的目的：一是为了使杀青叶卷曲成条，为良好外形打好基础；二是适当破坏叶组织，挤出部分茶汁，提高汤的浓度，烘干时也有利于茶叶形状的形成。揉捻的原则是"嫩叶冷揉，老叶热揉；嫩叶轻揉，老叶重揉"。因为嫩叶中纤维素含量低，又有较多的蛋白质和果胶，芽叶易成条；老叶含淀粉、糖较多，趁热揉捻有利于淀粉水解，并和其他物质混合，增加芽叶表面的黏稠度，以利成条。另外，嫩叶的叶细胞易被破坏，茶汁易于揉出；老叶则相反，需要重揉长揉，茶汁才能揉出。

总之，揉捻要掌握"五要五不要"原则：一要条索，不要叶片；二要圆条，不要扁条；三要直条，不要弯条；四要紧条，不要松条；五要整条，不要碎条。

3）干燥。干燥工序主要是除去芽叶中的水分，固定成条，同时在干燥过程中，揉捻叶中的内部物质也发生了复杂的变化，有利于绿茶品质的形成。在干燥时，烘干机的温度控制为110~120℃；烘笼可控制为80~85℃，不宜超过90℃。同时投叶量不宜过少，时间也不宜过短，否则，对条索不利；投叶量如过多，翻拌不匀，会使芽叶泛黄、香气低闷，影响品质。

（2）红茶。红茶的制作分为4道工序，即萎凋、揉捻（揉切）、发酵、干燥。

1）萎凋。红茶的萎凋有很多方式，目前主要采用的是室内自然萎凋和萎凋槽萎凋。萎凋有两个目的：一是通过萎凋使鲜叶散失水分、芽叶变得柔软，易于揉捻造型；二是完成一系列化学变化，促使鲜叶中内含物质转化，生成有利于形成红茶品质的物质。

红茶萎凋的程度要视红茶种类而定。如工夫红茶要求重萎凋，而红碎茶则以轻度萎凋为宜。一般萎凋程度的掌握，主要靠技术人员来判定。萎凋适度的叶子具有下列特征：叶形萎凋，叶质柔软，茎脉失水而萎软，曲折不易脆断，手捏叶片有柔软感，相互摩擦无响声，手紧握叶子能成捆，松手时叶子松散缓慢，叶片的色泽转为暗绿，表面失去光泽，鲜叶的青气减退，透出萎凋叶特有的清香。另外，可通过检测萎凋叶的含水量判断萎凋程度，60%~64%的含水量为鲜叶萎凋适度的标准。

2）揉捻（揉切）。揉捻是工夫红茶塑造优美外形和形成内质的重要工序。揉捻的目的：一是破坏叶细胞，使茶汁外溢，加速多酚类物质的酶促氧化，为形成红茶的内质奠定基础；二是塑造美观的外形；三是使茶汁外溢聚于茶条的表面，使外形光泽、冲泡时易溶于水，以增加茶汤的浓度。一般红茶揉捻采取"轻、重、轻"的加工原则，红茶揉捻的一个重要标志是要使叶组织的破损率达到80%左右，但达到破损的时间不宜过长。如叶片的叶细胞破损率过低，揉捻时间过长，就会影响红茶品质的形成。

3）发酵。发酵是形成红茶色、香、味特征的关键工序。所谓"发酵"，就是在酶促作用下，以多酚类化合物氧化为主体的一系列化学变化过程。实际上揉捻阶段就开始了发酵。发酵要有一定的环境条件，如适宜的温度、湿度和氧气。温度对发酵的速度和程度影响很大，如温度过高，多酚类物质转化过快，容易造成发酵过度，色泽发暗；如温度过低，容易造成发酵不足，滋味苦涩，叶底花杂。湿度也是发酵不可忽视的条件，湿度较高，有利于提高多酚氧化酶的活性，也有利于多酚类物质的氧化，对红茶品质的形成有利；反之，湿度低，多酚类物质自动氧化加快，茶褐素积累过多，易造成汤色、叶底发暗，滋味淡。此外，在发酵过程中，供氧量也是一个重要因素。经研究发现，在完全缺氧的条件下，发酵不能进行，因此在发酵工序中，要保持良好的通风环境。

4）干燥。干燥是制作红茶的最后一道工序，也是决定红茶品质的最后一关。干燥的目的：一是利用高温破坏酶的氧化作用，固定在发酵过程中已形成的品质；二是蒸发水分，固定形状；三是散发青气，进一步提高红茶的香气。在干燥过程中，控制温度是关键。首先要高温快烘，温度一般要达到110~120℃，使酶的活性在很短的时间内被破坏；然后是低温慢烘，这与红茶品质形成有密切关系。

（3）青茶（乌龙茶）。青茶的制作综合了绿茶和红茶的制作优点，叶底绿叶红边，香味兼备绿茶和红茶的甜醇。产区分布在福建、广东和台湾。青茶的制作分为萎凋、做青、炒青、揉捻、干燥5道工序。

1）萎凋。萎凋当地茶农也称为晒青和凉青，目的是散发鲜叶中的部分水分，提高叶子的韧性，以利于做青。在此过程中，鲜叶的内含物质发生了一系列的化学变化，散失了一部分水分，酶的氧化作用得到了增强，氨基酸、水溶性糖类含量增加，挥发了部分青气，花香开始显露。晒青就是把鲜叶放在日光下萎凋，晒青适度时，第一叶或第二叶下垂，失去光泽，叶质较柔软，叶缘稍卷缩，青气减退，花香气显露，鲜叶重量减少10%~15%。凉青是将晒青的叶子两筛并一筛，轻轻抖松，在通风阴凉的场所散失叶内的热量，同时使茶梗中的水分向叶片扩散，叶片又呈紧张状态，继续缓慢萎凋。凉青时间的长短视气候而定，一般为30~40 min，干燥天气时为10~20 min。

2）做青。做青是制作青茶特有的工序，也是形成青茶品质的关键过程。做青分为手工摇青和机动摇青，一般摇动5~7次，每次2~6 min，每次间隔0.5 h或1 h，主要视鲜叶嫩度和晒青程度灵活掌握，做到"看青做青，看茶做茶"。

做青要求适度，一般看第二叶变化程度，如叶脉透明，说明叶脉内含物质分解为可溶性物质；叶面呈青绿色，叶缘呈朱砂红，青气消失，散发出浓烈的花香，叶形成汤匙状，减重25%~28%，说明做青比较适度。做青程度不足，就会影响青茶的香气、滋味和叶底的色泽。

3）炒青。炒青的目的：一是迅速破坏酶的活性，防止酶促反应继续进行，固定在做青过程中已形成的品质；二是散失水分，使芽叶变得柔软，便于揉捻。青茶炒青采用"高温、短时、快炒"的方法。做青茶的芽叶已经经过了长时间的萎凋，散失水分相对较多，一般老叶采取多闷少扬，时间约5 min，嫩叶稍多扬一些，时间也稍长一些，一般约7 min。如炒青不足，则叶色青绿、不润泽，茶汤浑浊、青气较重、有苦涩味。

4）揉捻。揉捻的目的：一是使芽叶卷曲成条；二是破坏叶组织，挤出茶汁，增加茶的香气和滋味。揉捻要趁热、适度、快速、短时，加压要掌握"轻、重、轻"的原则。

5）干燥。干燥也叫烘焙、包揉（见彩图6）。实际上，在制茶过程中，揉捻和烘焙是交叉进行的。炒青叶先经初揉、初烘，初烘后的芽叶再复揉、复烘，逐渐干燥，逐步形成条索，直到烘干成茶。

七、鲜叶的适制性与茶叶品质的关系

随着茶叶的保健功效被科学所证实，加之茶文化在各个领域的宣传，进一步加深了人们对茶的了解，使人们对茶叶日趋青睐。

1. 鲜叶中影响茶叶感官品质的4种主要成分及含量

（1）氨基酸。茶叶中的氨基酸种类较多，主要有茶氨酸、谷氨酸、天冬氨酸等20多种，其中茶氨酸是形成茶叶香气和鲜爽度的重要成分，约占茶叶中游离氨基酸的50%以上，茶叶中含有的氨基酸占干物质总量的1%~2%，其溶解在水中主要表现为鲜味、甜味，对抑制茶汤的苦涩味有一定的作用。

（2）多酚类物质。多酚类是形成茶叶色、香、味的主要成分之一，主要包括儿茶素类、花色苷类、黄酮类、黄酮醇类和酚酸类等，其中儿茶素类化合物含量最高且最重要。多酚类物质约占鲜叶干物质总量的1/3，占茶汤浸出物总量的3/4，性质极其活泼，易在外界条件作用下发生一系列的化学反应，生成一些新的化学物质，影响着各类茶叶的品质。所以，在茶叶分类中，茶多酚的氧化程度是区分各种茶类的重要依据。

（3）生物碱。茶在中国最早作为药物来使用，东汉时期的《神农本草经》中就记载了"神农尝百草，日遇七十二毒，得茶而解之"的传说。在古希腊时代，茶也被认为是能治疗疾病的物质，是较古老的药物之一。茶叶中主要含有咖啡因、可可碱、茶叶碱，这3种生物碱均具有兴奋中枢神经的功能，其中咖啡因的含量最高，一般为干物质的2%~4%，也是茶叶特征化学物质之一。

（4）芳香类物质。茶叶的香气不是由一种芳香类物质所决定的，而是多种芳香类物质的综合反映，香气类型的形成和浓淡，既受不同茶树品种、采摘季节、叶质嫩度的影响，也受不同制茶工艺和加工技术的影响。茶叶中芳香类物质含量虽然不多，但种类极其复杂。通常，茶叶中含有香气成分化合物达700多种，它们有的是红茶、绿茶鲜叶等所共有的，有的是各自分别独具的，从而形成了各种不同类型的茶叶香型。虽然茶叶的加工方法相同，但不同地区茶叶的香气类型不同。就是同一地区，不同季节所产的茶叶香气类型也有所不同。因此，茶叶的香气类型非常复杂，到目前为止，只能定性研究香气组成成分、组成变化与茶叶品质的相互关系，还不能确定何种芳香类物质的组成及其含量能代表何种类型香气的茶叶。

2. 4种主要成分与茶叶品质的关系

（1）氨基酸是组成茶叶滋味非常重要的3大类物质之一（茶多酚、氨基酸、咖啡因）。茶汤口感很大程度上取决于这3大类物质的含量及比例关系。部分氨基酸表现出一定的良好香气，如生活中经常嗅到的腥甜味、海苔味、鲜甜味、紫菜气味等。这些香气在日式蒸青茶或者一些名优细嫩绿茶中常被发现，如安吉白茶等，这主要是因为这些茶叶中氨基酸含量普遍较高。此外，有些氨基酸还与其他物质结合，在制茶过程中参与了良好香气的形成。

茶叶带毫毛越多，氨基酸的含量就越高。在冲泡茶叶时，有时会发现茶汤表面漂浮着一层白白的细毛，其实这不是灰尘或杂物，这是茶叶自身生长的毫毛，越嫩的部分含毫量越多，有些品种含毫量大，而毫的主要组成物质就是氨基酸。不管是白毫还是金毫，都是好茶的标志。因此，在审评茶叶时非常关注茶叶含毫量。但在观察茶汤时一定要仔细，避免错把茶汤浑浊看成是多毫现象。

（2）多酚类物质及其氧化产物是茶叶中水溶性色素的主要部分，是茶汤色泽的主体，是干茶色泽的重要组成成分，同时，也是茶汤滋味浓度的主要成分之一。其中引起苦涩味的主要成分就是多酚类化合物及其氧化产物。儿茶素类在涩味的呈现里起到尤为重要的作用。

（3）咖啡因对茶叶滋味的形成也有重要的作用。茶汤中咖啡因含量过多，则茶汤苦味较重。红茶茶汤中，咖啡因可以与茶红素、茶黄素等形成络合物，产生"冷后浑"现象。"冷后浑"的形成能力与咖啡因浓度呈正相关关系，"冷后浑"是高档红茶品质所具有的现象，也是衡量红茶品质高低的指标之一。

（4）茶叶香气的成分复杂，种类很多。组成茶叶香气的主要成分是脂肪族醇类、芳香族醇类、萜烯醇类及相应酯类、醛类、酚类等十多种芳香类物质。茶叶香气中含这些物质种类的多少，各种物质含量的高低，决定了茶叶香气的类型、高低和长短。茶叶香气主要从以下 4 个方面来判定。

1）香气类型。茶叶香气类型直接决定茶叶品质高低，香气类型不好，即使香气高长也不是好茶。各茶类比较好的香气类型如下。

- 绿茶香气的类型：嫩香、花香、清香、豆香、板栗香。
- 白茶香气的类型：毫香、花香、甜香。
- 黄茶香气的类型：花香、豆香。
- 青茶香气的类型：花香、清香、奶香、蜜香。
- 红茶香气的类型：果香、蜜糖香、甜香、焦糖香。
- 黑茶香气的类型：菌香、陈香。

2）香气高低。茶叶香气高低是指香气浓度的高低，好的香型越浓越好；不好的香型浓度越重，茶叶档次越低。

3）香气长短，也就是香气的持久性。持久性主要有两层意思：一层意思是指茶叶冲泡之后，冷后的叶底存留茶叶香气程度的高低；另一层意思是多次冲泡后存留茶叶香气程度的高低。如青茶中的安溪铁观音。人们常说"七泡有余香"，就是指耐泡度和香气高，如果两泡或三泡后香气很低或没有香气了，人们就认为茶叶香气短或持久性差。

4）香气纯异。香气纯异主要是指茶叶香气是否是鲜叶制作中茶叶本身所具有的，香气中有没有混入其他不属于茶叶本身香气的异味，如霉味、焦味、烟味、馊味等。香气的纯异与茶叶香型的好坏无关，无论是高档茶叶，还是低档茶叶，茶叶香气要求越纯越好。

3. 影响鲜叶中 4 种主要成分含量的因素

（1）影响鲜叶中氨基酸含量的因素

1）茶树品种。小叶种鲜叶氨基酸含量比大叶种鲜叶多，小叶种鲜叶细嫩部分的氨基酸含量比粗老部分多。鲜叶越嫩品质越好就是这个道理。

2）茶树种植环境。北方的茶树生长纬度高，气温相对低，光照相对弱，鲜叶中所含氨基酸多，而南方茶树生长纬度低，气温相对高，光照相对强，鲜叶中所含氨基酸相对少。在同一纬度，海拔高的茶树要比海拔低的茶树氨基酸含量高。高山云雾出好茶就是这个道理。

3）茶树种植方法。采用遮阴种植的方法，通过遮阴遮挡部分太阳光，有利于氨基酸的生成。日本的煎茶鲜度高就是这个道理。

4）加工工艺。不发酵的绿茶和后发酵的黑茶所含的氨基酸含量较多。不发酵保留了鲜叶中的氨基酸；后发酵是因为生成了大量的氨基酸。

可见，一般春茶要求氨基酸含量要高，多酚类、咖啡因的含量要少，这样制作的春茶味鲜爽，有一定的浓度，但苦味不重，且没有涩味。所以，制作春茶的鲜叶都是等着采摘，一旦生长到符合采摘标准，立即开采。不管是绿茶产区，还是红茶产区，前几批采摘的鲜叶都用于制作名优茶，不仅品质好，而且经济效益也高。

（2）影响鲜叶中多酚类物质含量的因素。鲜叶中多酚类物质含量不同，选择制作的茶类也有所不同。多酚类物质占茶叶干物质的18%～38%，即一斤干茶中有100～200 g的多酚类物质。影响鲜叶中多酚类物质含量的主要因素如下。

1）茶树品种。大叶种鲜叶所含多酚类物质较多，小叶种鲜叶含量相对较少。

2）茶树种植环境。南方产区茶园中的鲜叶多酚类含量比北方产区鲜叶含量要多，温度越高，光照越强，鲜叶中多酚类物质含量越多。春季相对夏季温度较低，光照也较弱，所以春季采摘的鲜叶多酚类物质含量相对少一些。

3）海拔高度。在海拔500 m之上采摘的鲜叶，相对低海拔茶园鲜叶要多。因此，春季采摘的鲜叶一般比较适合制作绿茶，夏季采摘的鲜叶因多酚类物质含量高适合制作发酵重一些的红茶。

多酚类物质可以迅速溶解于热水中，是茶汤的主要成分。多酚类物质细分，儿茶素占70%，黄酮类、花青素、花白素及酚酸类占30%。6大茶类品质不同，多酚类物质氧化的程度不同。绿茶不发酵，绿叶清汤；白茶轻（前）发酵，微黄汤，白芽；黄茶轻（后）发酵，黄汤、黄叶；青茶中（前）发酵，黄汤、绿叶红边；红茶重（前）发酵，红汤、红叶；黑茶重（后）发酵，红汤、褐叶（前后以杀青为界）。

（3）影响鲜叶中咖啡因含量的因素。咖啡因在鲜叶中的含量与氨基酸在鲜叶中的含量规律一样，也是形成茶汤滋味的重要成分之一。影响鲜叶中咖啡因含量的主要因素如下。

1）茶树品种。大叶种鲜叶咖啡因含量普遍高于中小叶种鲜叶的含量。

2）茶树生长季节。气温越高，茶树生长越旺盛，咖啡因含量越高。因此，夏秋季鲜叶中咖啡因含量相对春季要高。

3）咖啡因的特性。咖啡因从178℃开始变成气体升华，所以在茶叶加工中，有炒制或辉锅工艺时，咖啡因会相对减少一些。

（4）影响鲜叶中芳香类物质的主要因素。鲜叶中的芳香类物质很大一部分来源于鲜叶加工过程，且芳香类物质的种类与加工工艺有很大的关系。影响茶叶中芳香类物质含量的主要因素如下。

1）茶树品种。茶树品种不同，鲜叶中内含物质的量不同，一般大叶种鲜叶含量多一些，中小叶种鲜叶少一些。

2）茶树种植环境。海拔高、多雾、雨水充足、阳光照射适度，都有利于形成香气的物质生成。

3）茶树生长季节。季节不同，茶树生长的快慢不同，春秋季相对夏季生长要慢一些，鲜叶中氨基酸、多酚类、咖啡因含量存在差异。

4）加工工艺。加工工艺不同，发酵的程度不同，生成的香气类型也不同。但从加工后生成的香气类型看，中小叶种要比大叶种好一些，一般成品茶中的花香、果香、蜜糖香多为中小叶种，而大叶种相对较少，品种香显著。

一般春季采摘的鲜叶适宜制作不发酵或发酵轻的茶类，如绿茶、黄茶、白茶；夏季采摘的鲜叶因多酚类、咖啡因含量多，宜制作发酵重的茶类，如红茶、黑茶等；秋季采摘鲜叶的地区相对比较少，除南方外，其他地区都开始封园，进行茶园的耕作管理，被开采的地区一般都做一些中低档茶，但从制作的茶叶香气来看，个别地区茶叶的香气还会呈现高香，总体品质还是明显低于春茶。总而言之，不同季节采摘的鲜叶可以总结为：春茶——"等着采，认真做"；夏茶——"急着采，快速做"；秋茶——"慢着采，看着做"。

第3节　各类茶的审评

茶叶感官审评是通过人的视觉、嗅觉、味觉和触觉对茶叶的形状、色泽、香气和滋味进行评定。鲜叶通过不同的加工工艺，制作出不同品质特征的茶类，如红茶、绿茶、青茶（乌龙茶）、花茶、白茶、黄茶和黑茶。各类茶在外形与内质方面都存在明显的差异，但在审评时，均按"8项因子"进行评比，不同茶类，其审评因子的侧重点有所不同。

一、红茶审评

1. 红毛茶的审评

红毛茶主要是指鲜叶经初制加工后的红茶，在国内，一般指条形茶。其审评方法分为干看和湿看两个部分。审评因子外形分为条索、色泽、整碎和净度 4 项因子；内质分为香气、汤色、滋味和叶底 4 项因子。外形以嫩度和条索为主，内质以叶底的嫩度和色泽为主，香气和滋味只要正常，没有异味即可。

（1）外形审评。审评红毛茶的外形，主要是看嫩度和条索的形状。一般嫩度好的红毛茶，叶片质地柔软，芽毫显露，有锋苗；相反，嫩度差的红毛茶，芽毫较少而且短秃，无锋苗。条索主要是看条索的松紧、圆扁，一般嫩度好的红毛茶，条索细紧，呈圆形，扁条、断条、松条较少，看上去比较平伏；反之，嫩度差的红毛茶条索粗松，芽毫少，不显锋苗。此外，还要审评净度，即茶类或非茶类夹杂物及老叶老梗含量。从净度来讲，一般老叶、老梗含量越少越好，非茶类夹杂物最好没有；如果有，也只能是非恶性杂质，如泥沙、石块等，如果茶叶中有恶性杂质，就失去了饮用的价值。红毛茶色泽有乌润、乌黑、黑褐、红褐、褐红、棕红、暗褐、枯褐、枯红、花杂等区别，一般以乌黑油润为优，枯、暗、花杂为差。

红碎茶的外形不是非常重要，审评时，主要审评颗粒的紧结度、匀整度，以及毛衣含量。毛衣含量多，说明制茶的鲜叶较老，茶叶颗粒紧结度、匀整度也差，身骨也会轻。

（2）内质审评。红毛茶的内质审评主要是审评香气、汤色、滋味和叶底。高档的红毛茶香气带有甜香、果香或芳香，低档红毛茶香气较低，多带有粗老气。嗅香时要注意辨别是否有劣变和异气，如果有，不管嫩度多高，均为劣质茶。一般来说，香气高、香型好的茶叶，味道也好；香气差的茶叶，其味也次。审评红毛茶的香气主要是评香气的纯异、高低和长短。红毛茶的汤色要求红艳明亮，浅黄、红暗为差。红茶茶汤有"冷后浑"现象，是品质好的表现，其快慢和程度与茶叶品质有关。红毛茶的叶底要求红艳明亮，红暗、青暗、乌暗、花杂为差。

红碎茶的内质是红碎茶审评的重点，好的红碎茶要求滋味浓、强、鲜。红碎茶的内质与品种及生长的地区有很大关系，一般大叶种茶树鲜叶制作的红碎茶，其品质要比中小叶种好。气候比较温暖的地区适合茶树的生长，内含物质比较丰富，适合制作红碎茶；而气候比较冷的地区，茶树生长速度要慢一些，鲜叶的内含物质也少一些，制作红碎茶时，其内质品质很难达到浓、强的要求。

2. 精制红茶的审评

红毛茶再加工后称为精制红茶，人们通常称其为红茶，红茶根据外形不同，分为工夫红茶和红碎茶。

（1）工夫红茶的审评。工夫红茶是我国独有的传统产品，主要以出口贸易为主，少部分供内销，内销又以少数民族地区消费为主，通常人们称之为边销茶。

1）外形审评。工夫红茶的外形主要审评条索和嫩度，同时也要审评色泽、整碎和净度。条索主要审评松紧、轻重、扁圆、弯直、长秀、短钝,上中下3段匀称、平伏、不脱档。一般条索以紧重、圆、直、秀为优,松、扁、弯、短为差。嫩度主要审评条索的粗细、含毫量和锋苗是否显露。色泽审评润枯、匀杂,一般色泽润、匀为优,枯、暗、杂为差。整碎主要审评下段茶的含量,含量少为优,含量多为差。净度审评梗筋、朴片、末及茶类和非茶类夹杂物的含量。高档红茶要求净度好,梗筋、朴片、末含量少,不得含有非茶类夹杂物。

2) 内质审评。审评工夫红茶时,要特别注意区分香气的类型,一般审评香气的鲜醇、粗老、高低和持久性。高级红茶一般香气鲜醇、高而长,冷后仍可嗅到余香;中级红茶香气虽高,但持久性较差;低级红茶香气低,并带有粗老气。通常,以高锐有花香或有果糖香、新鲜持久为优,香低带粗老气为差,有异气则为劣质茶叶。汤色审评深浅、明暗、清浊,一般以汤色红艳明亮,碗沿有金黄圈,有"冷后浑"品质为优,红亮或红明者为次,浅暗或深暗浑浊为差。小种红茶则以有松烟香和桂圆香为上品。叶底主要审评嫩度和色泽,嫩度审评叶质柔硬、厚薄、芽尖多少,一般以叶质柔软、厚实、芽尖多,叶片卷曲为优,反之为差;色泽审评红艳、亮暗、花杂及发酵的程度,一般芽多,叶整,匀净,柔软厚实,色泽红亮、鲜活为好,忌花杂、暗条。

(2) 红碎茶的审评。红碎茶主要有碎、片、末3种类型,世界上其他国家所生产的红茶,大多都是红碎茶,其中以印度和斯里兰卡产量最多,品质最好。我国的云南、广东、广西、湖南、湖北等地也生产红碎茶。

1) 外形审评。红碎茶的外形要求规格分清,匀齐一致。红碎茶中的碎茶主要审评颗粒的紧结重实,片茶审评皱卷,末茶审评砂粒状。叶茶以茶身长、圆、紧、直为优,大叶种则以含有金黄芽且毫多为优。色泽主要审评乌润、枯灰、鲜活、匀杂,一般以乌润、鲜活为优,枯灰、花杂为差。净度审评筋皮、毛衣、茶灰和杂质,以含量少者为优,含量多者为差,但红碎茶对红茎梗和毛衣的含量要求不严,只作为参考。

2) 内质审评。红碎茶的内质主要审评滋味的浓、强、鲜,香气以及叶底的嫩度和匀亮度。红碎茶香味要求浓厚、强烈、鲜爽,即浓、强、鲜,三者之间既有区别,又相互协调。浓度主要审评茶汤的浓厚程度,强度主要审评刺激性,鲜度审评鲜爽程度,一般以浓度为主。汤色以红艳明亮为优,灰、浅或浑浊为差。审评红碎茶可以加奶审评,加奶量一般为茶汤容量的1/10。加奶后,主要评汤色。茶汤的颜色以红亮或棕红亮为优,浅黄、微红或淡红次之,暗褐、浅灰、灰白为差。叶底审评嫩度、匀度、亮度,一般叶底以柔软、肥厚、明亮、发酵均匀为优,以糙硬、瘦薄、花杂、灰暗为差。

二、绿茶审评

鲜叶经过绿茶的制作工艺加工而成的茶叶称为绿毛茶。绿毛茶经再加工后的茶叶称精制绿茶（通常称为绿茶）。

我国绿茶的品种最多，根据制作工艺不同，可分为蒸青、炒青、烘青和晒青。以其形状的差异，炒青又分为长炒青、圆炒青和特种炒青，烘青可分为普通烘青和特种烘青。

1. 绿毛茶的审评

（1）外形审评。绿毛茶的外形审评与红毛茶基本相同，主要审评嫩度、条索、整碎和净度，其中以嫩度、条索为主，整碎、净度为辅。先评面张茶条索的松紧度、匀度、净度和色泽，再评中段茶的嫩度、条索，后看下段茶的整碎度，即碎、片、末茶的含量。绿毛茶一般以多毫、条索紧结重实、芽叶肥壮完整为优，以条索粗松、轻飘、弯曲、扁平为差。色泽以色度调和一致、光色明亮、油润鲜活为优，以老嫩不齐、色泽驳杂、枯暗欠亮、泛黄为差。净度以含老梗、朴片和非茶类夹杂物少为优，反之为差。

（2）内质审评。内质审评汤色、香气、滋味和叶底4项因子。汤色主要审评明亮、浑浊、暗黑程度，以及沉淀物的多少，一般汤色以清澈明净、绿色或黄绿色、无沉淀物为优，以黄红、暗黄、浑浊、多沉淀物为差。香气以花香、嫩香、甜香、清香、板栗香高为优，以淡薄、低沉、粗老为差，有异气的茶叶为劣质茶。滋味审评茶汤的纯度、鲜度、浓度、苦涩味的轻重等，以纯、鲜、浓、甜为优，粗、涩、淡、苦为差。叶底主要审评嫩度和色泽，对汤色、香气和滋味要求正常，不得有异味。叶底以叶嫩、芽多、叶厚而肉、匀整、明亮、开展为优，以粗老、硬薄、花暗为差。

2. 精制绿茶的审评

我国是精制绿茶出口大国，年出口量占世界绿茶贸易总量的80%以上，绿茶出口以珍眉、贡熙、针眉、秀眉和珠茶为主。

（1）珍眉绿茶的审评。珍眉绿茶的品质要求外形与内质并重，外形分条索、色泽、整碎、净度4项因子，内质分香气、汤色、滋味和叶底4项因子。

1）外形审评。珍眉绿茶外形条索审评松紧、粗细、长短、轻重、有无锋苗，一般以圆直、完整、重实、有锋苗为优，以条索不圆浑、紧中带扁、短秃为次，以条索松扁、弯曲、轻飘为差。色泽主要审评颜色的枯润、匀杂，一般色泽以绿润起霜为优，色黄枯暗为差。整碎审评面张、中段和下段茶的拼配是否合适，一般以平伏、匀齐为优，脱档或下脚显露为差。净度审评筋梗、朴片的含量，一般都以含量少为优，多为差。

2）内质审评。珍眉绿茶的香气审评纯度、高低、长短，一般以香醇透清香或板栗香高长为优，以低、短或带有粗老气为差，如有异气则为劣质茶。滋味审评浓淡、醇苦、爽涩，以浓醇、鲜爽、回味带甜为上品，浓而不爽为中品，淡薄、粗涩为下品，如有异味则为劣质茶。叶底审评嫩度和色泽。嫩度主要审评芽头含量的多少，叶张的柔软度和厚薄，以芽多、叶柔软厚实、嫩匀为优，反之则为差。叶底色泽审评亮暗、匀杂，以嫩绿匀亮为优，色泽花杂为差。

(2) 珠茶的审评

1) 外形审评。珠茶的审评因子与珍眉基本相同，珠茶的外形审评条索、整碎、色泽和净度。条索审评圆紧度、轻重、空实，以颗粒圆似珠、紧结、匀整、重实为上品，以颗粒扁、松、空、朴块多为下品。整碎主要看各段茶的拼配比例是否合适，以有脱档、下脚显露为差。色泽审评润枯、匀杂，以黑绿光润为优，乌暗、枯黄为差。

2) 内质审评。珠茶的内质审评汤色、香气、滋味和叶底。汤色审评颜色的深浅、亮度，以黄绿明亮为优，身黄发暗、沉淀物多为差。香气审评浓度、纯度和持久度，以香高持久和味醇为优，香低味淡为次，香味欠纯带有粗老气异味为差。叶底审评嫩度和色泽，嫩度主要审评芽头含量与叶张的匀整度，以有盘花芽叶或芽头嫩张多的为优，以大叶、老叶、摊张含量多的为差。叶底的色泽审评亮度和匀杂，以嫩绿、黄绿、匀整、明亮为优，以色泽花杂为差。优质珠茶叶底匀整、色泽明亮。

三、青茶（乌龙茶）审评

1. 青毛茶的审评

青毛茶的审评以内质香气和滋味为主，其次才是外形和叶底，汤色作为参考。青毛茶审评要用一种特制的、有盖、呈倒钟形的杯，容量为110 mL，冲泡前用沸水将杯碗冲洗烫热，各杯的烫热温度要基本保持一致，否则会影响审评的准确性。

(1) 外形审评。青毛茶审评外形分条索、整碎、色泽以及身骨的轻重和净度等因子。由于青毛茶注重品种，因此在审评时先要判断其属于哪一个品种。青毛茶初制分包揉和不包揉两种，外形条索分成卷曲形和直条形，如铁观音、色种和佛手要经包揉，外形卷曲紧结；水仙则没有经包揉，条直壮结、叶端扭曲。因此，青毛茶的外形要根据不同品种评定，但均以紧结重实为优，粗松轻飘为差。青毛茶外形重视整碎，忌断碎，因为断碎会失去品种特征，所以在对样审评中，还要测定粉末和碎茶的含量。青毛茶的色泽主要审评颜色的枯润、鲜活，一般以鲜活油润为优，死红、枯暗为差。根据品种的不同，青毛茶有砂绿润、乌油润、青绿、乌褐、绿中带黄等色泽，均为正常。净度主要审评茶梗、茶朴、老叶及夹杂物的含量。青毛茶条索的粗细老嫩，要根据品种要求来评定，并不像其他茶类越嫩越好，如果青毛茶鲜叶过嫩，茶汤的滋味比较苦涩；过老则香气低，滋味淡。

(2) 内质审评。青毛茶内质以香气和滋味为主，汤色、叶底次之。审评香气要辨别香型、细粗、锐钝、高低、长短，以花香、果香细锐、高长为优，粗钝、低短为差。嗅香气时，一般分干嗅和湿嗅。干嗅是判断火候，火候足，香气清新；火候稍退，香气则钝。如果青毛茶的火候不足，香气中会带有青气。湿嗅判断香气的高低、长短、细粗，品种不同，其香型也不一样，如铁观音带有桂花香，岩茶带有兰花香。滋味审评浓淡、厚薄、爽涩及回味长短，以浓厚、浓醇、鲜爽、回味甘甜为优，以粗淡、粗涩为差。汤色审评颜色的深浅、明暗和清浊，以橙黄清澈为优，橙红带浊为差。汤色与火候也有一定的关系，火候轻的汤色浅，火候足的汤色深。一般高档茶火候轻一些，低档茶火候足一些，其目的是有利于提高低档茶的香气。叶底审评厚薄、软硬、匀整、色泽以及做青的程度，一般以叶张完整、柔软、厚实，色泽青绿或稍带黄、红点为优，以叶张单薄、粗硬，色泽暗绿、红点暗红为差。此外，做青适当，红色部分鲜艳，青色部分明亮；做青不当，叶底色泽死红、色杂，红的部分暗，青的部分深或暗，甚至会有暗绿色和死红色叶张。青毛茶叶底嫩度要根据品种要求来评定，并非越嫩越好。

2. 精制青茶的审评

精制青茶的审评与青毛茶基本相同，但更重视品种特点的鉴别。不同品种、等级的青茶，其火候掌握也不相同，一般是高级茶火候轻，低级茶火候足，汤色由浅至深。品种之间的火候、汤色是不能相比较的，如岩茶火候较足，汤色也较深，但品质却未必差。除了品种之间的差异外，青茶品质也存在地区上的差异。例如，福建的青茶汤色有茶油色、橙黄清澈、橙黄带浊之分，以茶油色、橙黄清澈为优，橙黄带浊为差；而广东青茶汤色有清澈、清红、清黄带浊、清红带浊之分，一般以清澈为优，清黄次之，带浊为差；福建青茶滋味有浓厚、浓醇、醇和、清淡、苦涩之分，以浓厚、浓醇为优，苦涩为差；广东青茶滋味有醇厚、鲜爽、灵活、浓醇、淡醇、苦涩之分。一般高档茶香味醇厚、鲜爽，中档茶滋味醇和、浓醇，有苦涩味为低档茶。

青茶内质审评方法与其他茶类有所不同，不仅所用的审评用具不同，而且审评方法也有其特殊性。青茶内质审评前，要先用沸水将评茶杯、评茶碗烫热，然后从评茶盘中称取 5 g（其他茶类为 3 g）试样置于评茶杯中，冲满沸水，并用杯盖刮去水面上的泡沫。2 min 后揭开杯盖嗅杯盖的香气，并将茶汤完全沥入评茶碗中，先嗅杯盖的香气，再看其汤色，后尝滋味。按此方法再冲泡 2 次，第一次为 3 min，第二次为 5 min。在审评铁观音、水仙等品种时，应特别注意品种特征。

四、花茶审评

花茶属再加工茶类。所谓再加工茶是指毛茶经过精制后，再进行加工的茶。目前，我国再加工茶除花茶之外，还有紧压茶和速溶茶。花茶是精制后的茶经过窨花而制成的，通常所用的香花有茉莉、白兰、珠兰、代代、柚子、桂花、玫瑰等，不同香花窨制的花茶品质各具特色。

花茶外形审评条索、色泽、整碎和净度，窨花后的条索稍松一些，色泽带黄属正常。内质审评香气、汤色、滋味和叶底。花茶的品质以香味为主，通常从鲜、浓、纯3个方面来审评。一般开汤后，先嗅香气，再看汤色、尝滋味，后看叶底。花茶的汤色一般比茶坯较深一些，但滋味较醇。叶底看嫩度和匀度。

花茶内质审评有两种方法，一种是单杯审评，另一种是双杯审评。

1. 单杯审评

单杯审评分为单杯一次冲泡和单杯二次冲泡两种方法。

（1）单杯一次冲泡法。一般称取 3 g 茶样，用 150 mL 杯、碗，如有花渣必须拣净，因为花渣中含有较多花青素，用沸水冲泡后，会增加茶汤的苦涩味，影响审评结果的正确性。冲泡时间为 5 min，开汤后先看汤色是否正常，看汤色时间要快；接着趁热嗅香气，审评鲜灵度，温嗅浓度和纯度，再评滋味。花香味上口快而爽口，说明鲜灵度好。在舌尖上打滚时审评浓醇，最后冷嗅香气，审评香气的持久性。对花茶审评技术比较熟练的人员可以采用这种方法。

（2）单杯二次冲泡法。单杯二次冲泡法是指一杯样茶分两次冲泡。第一次冲泡 3 min，主要评香气的鲜灵度、滋味的鲜爽度；第二次冲泡 5 min，评香气的浓度和纯度、滋味的浓醇。这种方法正确性较一次冲泡法好，但操作上麻烦一些、时间长一些，比较适合初学者。

2. 双杯审评

双杯审评是指同一茶样冲泡两杯。目前，双杯审评也有两种形式，一种是双杯一次冲泡，另一种是双杯二次冲泡。

（1）双杯一次冲泡法。同一茶样称取两份，两杯同时一次冲泡，时间 5 min，先看茶汤的色泽，趁热嗅香气的鲜灵度和纯度，再审评滋味，最后冷嗅香气的持久性。

（2）双杯二次冲泡法。同一茶样称取两份，每份 3 g，第一杯只评香气，分两次冲泡，第一次冲泡 3 min，审评香气的鲜灵度；第二次冲泡 5 min，审评香气的浓度和纯度。第二杯专供审评汤色、滋味、叶底。

五、白茶审评

白茶主要产于福建，依茶树品种及采制方法不同，分为"大白""小白"和"水仙白"3种。白茶的审评方法和用具与绿茶基本相同，但冲泡时间为 2 min。白茶审评重外形，外形以嫩度、色泽为主，结合形状和净度。审评嫩度主要评毫心多少、壮瘦及叶张的厚薄，以毫心肥壮、叶张肥嫩为优，毫芽瘦小稀少、叶张单薄为次，叶张老嫩不匀、薄硬，有老叶、蜡叶为差。色泽审评毫心和叶片的颜色和光泽，以毫心叶背银白显露、叶面灰绿，即所谓银芽绿叶、绿面白底为优，铁板色次之，草绿黄、黑红色、暗褐色及有蜡质光泽为差。审评形状主要看芽叶连枝、叶缘垂卷、破张多少和匀整度，以芽叶连枝、稍微并拢、平伏舒展、叶缘向叶背垂卷、叶面有隆起波纹、叶尖上翘不断碎并匀整为优，叶片摊开、折皱、折贴、卷缩、断碎为差。审评净度，要求不得含有茶籽、老梗、老叶及蜡叶。审评内质以叶底嫩度和色泽为主，兼评汤色、香气、滋味。汤色审评颜色和清澈度，以杏黄、杏绿、浅黄、清澈明亮为优，深黄或橙黄次之，泛红、红色暗浑为差。香气以毫香浓显、清鲜醇正为优，淡薄、青臭、风霉、失鲜、发酵、熟老为差。滋味以鲜爽、醇厚、清甜为优，粗涩、淡薄为差。叶底审评嫩度、叶质软硬和匀整度。叶底色泽审评颜色和鲜亮度，以芽叶连枝成朵、毫多而芽壮、叶质肥软、叶色鲜亮、匀整为优，叶质粗老、硬挺、破碎、暗杂、花红、黄张、焦叶红边为差。

白茶中主要有银针白毫、白牡丹、贡眉和寿眉。银针要求毫心肥壮，具银白光泽；白牡丹要求毫心与嫩叶相连不断碎，灰绿透银白色，以绿面白底为优；贡眉亦应微显毫心，凡毫心少、叶片老嫩不匀、红变或呈暗褐色为次。白茶与绿茶审评的不同之处是冲泡时间短，2 min 后即可审评内质。

六、黄茶审评

黄茶的审评与绿茶相同，品质特征是黄汤黄叶，按鲜叶嫩度分为黄芽茶、黄小茶和黄大茶3种。

1. 黄芽茶审评

黄芽茶分银针和黄芽两种。

（1）银针。银针（全由芽尖制成）外形要求芽头肥壮，披满茸毛，芽叶匀整，少断碎；色泽要求金黄光亮，无夹杂物。内质要求香气清鲜，汤色呈浅黄色，滋味甜爽，叶底嫩黄明亮。

（2）黄芽。黄芽鲜叶要求一芽一叶初展。外形要求芽叶匀整，形状扁直，肥嫩多毫，色泽呈金黄色。内质要求汤色黄而碧，味甘而醇，香气清高，叶底嫩匀，黄绿明亮。

2. 黄小茶审评

黄小茶鲜叶采制要求为一芽一叶或一芽二叶。外形要求条索紧结，重实卷曲，白毫显露，如北港毛尖；沩山毛尖要求金黄显露，色泽金黄油润。内质汤色要求杏黄明澈或橙黄明亮，香气清高，滋味甜醇爽口、醇厚，叶底芽叶肥厚。

3. 黄大茶审评

鲜叶采制比较粗老,一芽三、四叶。外形要求梗叶相连,色泽金黄鲜润。内质要求香气高爽醇正,霍山黄大茶带有焦香为正常;滋味浓厚或浓醇,耐冲泡;汤色深黄明亮;叶底黄亮,芽叶完整。

七、黑茶审评

制黑茶的鲜叶多为一芽四叶到一芽六叶,含一定的老梗和老叶。黑茶的审评与绿茶相同,外形以审评嫩度、条索为主,兼评净度、色泽和干香。嫩度审评叶质的老嫩,叶尖的多少。条索审评松紧、弯直、圆扁、轻重,以条索紧卷、圆直为优,松扁、折皱、轻飘为差。净度看黄梗、浮叶和其他夹杂物的含量。色泽看颜色枯润、纯紧,以油黑为优,花杂、铁板色为差。嗅干香主要区别有无火候香和悦鼻的松烟香味,以有火候香和松烟香为优,火候不足、烟气太重为次,粗老气、香低和日晒气为差,有烂、馊、酸、霉、焦等异气为劣。内质审评香气、汤色、滋味、叶底。香气以松烟香浓厚为优,以有日晒、馊、酸、霉、焦等气味为差或劣。汤色以橙黄明亮为优,粗、淡、苦、涩为差。叶底审评嫩度与色泽,以黄褐带青色一致,叶张开展,无乌暗条为优,色红绿、花杂为差。

第4节 茶叶理化检验

茶叶的理化检验项目很多,常见的有水分、灰分、粉末、水浸出物、粗纤维、蛋白质、氨基酸、金属元素、放射性污染、农药残留等。其中,常规理化检验项目主要是水分、灰分、粉末。

一、茶叶水分限量指标和快速检测方法

1. 茶叶水分限量指标

茶叶水分是指在规定温度的空气中,茶叶试样加热时的重量损失,习惯上称为水分。不同的茶叶对水分的含量要求是不一样的,蒸青对水分含量要求较低,茉莉花茶、普洱茶、白茶、紧压茶等水分含量相对高一些,其他红茶、绿茶的水分含量比较适中。外销茶中正茶水分含量要求比副茶低。茶叶水分的限量指标根据不同的茶类、品种和花色而有所不同(见表2-39)。一般来说,毛茶和精茶、外销茶和内销茶,以及正茶和副茶的限量指标都不一样。但就茶叶本身来说,其水分含量越高,自然氧化的速度越快,对其品质的保护越不利。

表 2-39　　　　　　　　　　　不同茶叶的水分限量指标

茶类	品名	水分
红茶类	工夫红茶、小种红茶	7.5%
	叶茶、碎茶、片茶、末茶	7.0%
绿茶类	珍眉、贡熙、珠茶、雨茶	7.5%
	碧螺春、龙井、特种绿茶	7.5%
	蒸青	6.0%
青茶（乌龙茶）类	秀眉、茶片	8.0%
	铁观音、色种、乌龙、水仙、奇种	7.5%
	细茶、粗茶	8.0%
白茶类	银针	9.0%
	白牡丹、贡眉	8.0%
花茶类	茉莉花茶及其他花茶、碎茶、片茶	9.0%
紧压茶	米砖、沱茶	9.5%

2. 茶叶水分快速检测方法

茶叶水分检测方法很多，有烘箱法、滴定法、氯化钠试纸检定法、电测法、红外线法等。不同的检测方法，检测的速度不同，有的方法检测速度很快，有的方法检测耗时很长。实践证明，从检验结果准确性和稳定性来说，烘箱法较好。目前，国际标准组织以及我国的国家标准和行业标准都规定了茶叶水分检测宜采用烘箱法。烘箱法根据采用不同温度和烘干时间又分为 3 种方法：快速法有 120℃-1 h 烘箱法和 130℃-27 min 烘箱法两种，第三种为 103℃ 恒重法（仲裁法）。本节主要介绍两种快速法。

（1）120℃-1 h 烘箱法（快速法）。用已称重的干燥烘皿称取试样约 10 g（如为紧压茶可用手工或工具分取试样，混匀后称取），精确到 0.01 g，然后连同打开的皿盖，一同放入 120℃ 左右的烘箱内，在 2 min 内调整烘箱温度至 120℃，保持（120±2）℃烘 1 h，取出试样，加盖置于干燥器内，冷却至室温，称重计算。

（2）130℃-27 min 烘箱法（快速法）。用已称重的干燥烘皿称取试样约 10 g（如为紧压茶可用手工或工具分取试样，混匀后称取），精确到 0.01 g，然后连同打开的皿盖，一同放入预先加热稍高于 130℃ 的烘箱内，在 2 min 内调整烘箱温度至 130℃，保持（130±2）℃烘 27 min，取出试样，加盖置于干燥器内，冷却至室温，称重计算。

上述两种方法水分测定结果按下式计算：

$$X = \frac{G_1 - G_2}{G_1 - G_0} \times 100\%$$

式中　X——茶叶中水分含量，%；

　　　G_1——试样和烘皿烘前的质量，g；

　　　G_2——试样和烘皿烘后的质量，g；

　　　G_0——烘皿的质量，g。

茶叶水分含量百分率取到小数点后一位。

测定应做双实验。允许误差为：同一分析者同时或相继进行两次测定的结果之差，每100 g试样不得超过0.2 g。

二、茶叶灰分限量指标和快速检测方法

1. 茶叶总灰分限量指标

茶叶总灰分是指在规定的温度下，试样经灼烧完全灰化后所得到的残留物，它的原理是在规定的温度下灼烧灰化，将有机物分解除去，达到衡重。茶叶总灰分的含量一般在4.5%~6.5%，茶叶灰分含量过高或过低，都不能代表茶叶灰分的真实含量，所以我国规定了各类茶灰分含量限量指标，见表2-40。茶叶灰分含量在正常情况下，正茶比副茶要低一些，其原因是副茶中含有的杂质要比正茶多一些。

表2-40　　　　　　　　各类茶灰分含量限量指标

茶类	品名	灰分
红茶类	工夫红茶、小种红茶、叶茶、碎茶、片茶	6.5%
	末茶	7.0%
绿茶类	珍眉、贡熙、珠茶、雨茶、碧螺春、龙井	6.5%
	特种绿茶、蒸青	6.5%
	秀眉、茶片	7.0%
青茶（乌龙茶）类	铁观音、色种、乌龙、水仙、奇种	6.5%
	细茶、粗茶	6.5%
白茶类	银针、白牡丹、贡眉	6.5%
花茶类	茉莉花茶及其他花茶、碎茶、片茶	6.5%
紧压茶	米砖	7.5%
	沱茶	6.5%
	六堡茶、普洱砖茶（饼茶）	7.5%

2. 茶叶灰分含量快速检测方法

根据采用的温度和所烧时间的不同，茶叶灰分的测定方法分为两种：一种为快速法，

另一种为恒重法（仲裁法）。本节主要介绍700℃-20 min法（快速法）。

用已称重的瓷舟称取磨碎的试样约2 g，精确至0.001 g，然后将瓷舟放入高温电炉（见彩图7）内，将炉门开启少许，接通电源，让试样缓慢炭化，待烟冒尽后关闭炉门，继续升温至700℃，保持（700±25）℃灼烧20 min，待炉温降至200℃时，取出瓷舟置于干燥器内冷却，称重，精确至0.001 g。

上述方法总灰分含量百分率的结果按下式计算：

$$X = \frac{G_2 - G_0}{G_1 - G_0} \times 100\%$$

式中　X——茶叶灰分含量，%；

　　　G_1——试样和坩埚（或瓷舟）灼烧前的质量，g；

　　　G_2——试样和坩埚（或瓷舟）灼烧后的质量，g；

　　　G_0——坩埚（或瓷舟）的质量，g。

茶叶灰分含量百分率取到小数点后一位。

测定应做双实验。允许误差为：同一分析者同时或相继进行两次测定的结果之差，每100 g试样不得超过0.2 g。

三、茶叶粉末限量指标和检测方法

1. 茶叶粉末限量指标

茶叶初制过程中，由于力的作用，将不可避免地产生一些粉末和碎片茶。这些粉末和碎片茶的存在直接影响茶叶的外形美观和内在质量，不受消费者欢迎。为了使茶叶的外形和内质不受影响或影响较小，确保茶叶的良好品质，在检验标准中，对茶叶的粉末含量给予了一定限量指标。各类茶叶粉末含量限量指标见表2-41。

表2-41　　　　　　　　各类茶叶粉末含量限量指标

茶类	品名	粉末
红茶类	工夫红茶、小种红茶、叶茶	2.0%
	碎茶、片茶	3.0%
绿茶类	末茶	2.5%
	珍眉、贡熙、珠茶、雨茶	1.0%
白茶类	秀眉	1.5%
	茶片	2.5%
	白牡丹、贡眉	1.0%

续表

茶类	品名	粉末
花茶类	茉莉花茶及其他花茶	1.5%
	碎茶	3.0%
	片茶	7.0%

茶叶品种不同,粉末的限量指标也不一样。一般正茶比副茶要严一些。此外,茶叶品种、花色不同,不仅限量指标不同,所用检测的筛网筛孔也不一样。

2. 茶叶粉末的检测方法

不同形状的茶叶所用的标准筛目数不完全相同。因此,在检测茶叶粉末时,应首先注意区分茶叶的不同形状,从而选择使用相对应目数的筛网。

(1) 条、圆形茶。将平均样品用分样器或四分法缩分,称取试样100 g,精确至0.1 g,倒入孔径为630 μm的粉末筛内,盖上筛盖,开启电源,筛动100转,将粉末筛的筛下物移入铝皿中,称重,精确至0.01 g,即为粉末质量。

(2) 粗形茶。将平均样品用分样器或四分法缩分,称取试样100 g,精确至0.1 g,倒入孔径为450 μm的粉末筛内,盖上筛盖,开启电源,筛动100转,将粉末筛的筛下物移入铝皿中,称重,精确至0.01 g,即为粉末质量。

(3) 碎、片、末形茶。将平均样品用分样器或四分法缩分,称取试样100 g,精确至0.1 g,倒入规定粉末筛(碎茶使用筛网孔径为450 μm,片茶使用筛网孔径为280 μm,末茶使用筛网孔径为180 μm)的检验筛内,盖上筛盖,开启电源,筛动100转,将粉末筛的筛下物移入铝皿中,称重,精确至0.01 g,即为粉末质量。

茶叶粉末含量百分率计算公式如下:

$$X = \frac{G_1}{G} \times 100\%$$

式中 X——茶叶粉末含量,%;

G_1——筛下粉末的质量,g;

G——试样的质量,g。

茶叶粉末含量百分率取到小数点后一位。

测定应做双实验。允许误差为:同一分析者同时或相继进行两次测定的结果之差,每100 g试样不得超过0.5 g。

四、假茶的鉴别方法

所谓假茶,是指不是用从茶树上采下的芽叶制成的,冒充其他茶类的某个品种的

"茶"。假茶与保健茶产品应有区别，如用人参或银杏叶制成的人参茶、银杏茶，用罗布麻叶制成的罗布麻茶，桑树芽制成的桑茶，以及老鹰茶、柿叶茶、杜仲茶、枸杞茶、甜叶菊茶等，还有在茶叶中掺入一定数量的药用植物叶拼制而成的茶，如各种减肥茶、青春抗衰老茶等，都不能与假茶混为一谈。

对于有一定实践经验的人来说，只要稍加注意，就能鉴别真茶与假茶。如把假茶与真茶拼配加工，就增加了识别的难度。但用科学的方法还是能鉴别出真假的。假茶鉴别一般用感官审评方法，但如果感官鉴别有困难，就应采用化学分析方法来鉴别。

1. 感官审评

将可疑的茶叶进行开汤审评，将茶叶冲泡两次，每次 10 min，使叶片全部展开后，放在飘瓷盘内仔细观察叶片形态特征。

- 真茶的边缘锯齿显著，锯齿上有腺毛，近叶基部锯齿稀疏。
- 真茶的叶脉呈网状，有明显主脉、支脉和细脉；主脉与支脉呈 45°~80°角，支脉伸展至边缘 2/3 处即向上弯曲呈弧形与上方支脉相连，构成封闭式的网状系统。
- 真茶的芽叶背面均生茸毛，以芽最多，密而长，随芽叶的生长，茸毛渐稀、短，并逐渐脱落。

2. 化学分析方法测定

采用化学分析鉴定茶叶中咖啡因、茶多酚的成分，即可确定茶叶的真假；茶氨酸是茶叶特有的化学成分，鉴定有无茶氨酸，也可判断茶叶的真假。

（1）咖啡因的测定。取可疑茶叶 10 g 左右（碎茶取 0.5 g 左右）放在洁净的玻璃试管内，慢慢滴入 10% 的氢氧化钠溶液数滴，至茶叶湿润。然后加入氯仿约 2 mL（以浸没茶叶为度），在酒精灯上加热（注意：氯仿蒸气有毒性），冷却后加少许药用炭，经搅拌后过滤。再取溶液两滴放在玻璃片上，任其自然挥发。待溶液挥发后在普通显微镜下观察，若能见到针状结晶，说明有咖啡因存在，是真茶的依据之一；若见不到针状结晶，那就是假茶。

（2）茶多酚的测定。取可疑茶叶约 1 g，放入三角烧瓶内，再加入质量浓度为 80% 的酒精 20 mL。加热 5 min 后，再进行测定。将酒精提取液摇匀，吸取 0.1 mL 提取液，加入装有 1 mL 质量浓度为 95% 酒精的试管中摇匀，其内再加入 1% 的香荚兰素浓强盐酸溶液 5 mL 摇匀，如溶液立即呈现鲜艳的红色，说明有较多的茶多酚存在，是真茶的依据之一；如果红色很浅，或者不显红色，说明只有微量或没有茶多酚的存在，那就是假茶，或者真茶中掺有假茶。

一般经感官审评和上述化学分析方法测定，真假茶即可鉴别。倘若还有怀疑，可借助仪器分析方法测定茶氨酸的有无，以便做出最后的判断。

第5节 茶叶检验标准的制定

一、制定茶叶检验标准的意义

茶叶检验标准是各产茶国或消费国根据各自的生产水平和消费需要制定的检验项目，如品质水平和理化指标。各国茶叶检验标准，都是通过立法的手段，作为政府经济法律或法规予以公布的，对内作为生产、加工的准绳和检验依据，对外作为双边贸易和多边贸易的品质指标和检验依据，对生产和贸易起着提高和促进作用。此外，茶叶检验标准也被某些国家用来作为贸易技术壁垒。

目前，国际上的茶叶标准按级别不同可分为4大类型，即国际标准（ISO）、国家标准（GB）、行业标准（SN）和企业标准（QB）。此外，某些地区还制定了茶叶地方标准（DB）。茶叶标准根据内容的不同又可分为两大类型，即品质规格标准和检验方法标准。

为了使茶叶生产、加工和管理进一步科学化、规范化，提高技术人员的素质，改进产品质量，节约原材料，降低成本，提高企业经营管理水平，不仅要制定企业标准，而且要使企业的生产、加工、检验人员以及企业领导懂得标准，才能做到按标准生产、加工和检验，按经济规律办事。

二、茶叶卫生标准的简述

1. 我国较早的茶叶卫生标准

我国较早的茶叶卫生标准是1988年由原国家卫生部提出修订，原安徽省卫生防疫站负责起草的《茶叶卫生标准》（GB 9679—1988）。该标准主要包括3个方面的内容。

（1）标准的适用范围。适用于由茶树鲜叶加工而制成的绿茶、红茶、紧压茶、花茶等。

（2）感官指标。具有该茶类正常的商品外形及固有的色、香、味，不得混有异种植物叶，不含非茶类夹杂物，无异味、无霉变。

（3）重金属和农药残留项目限量指标。见表2-42。

表 2-42 重金属和农药残留项目限量指标

项目	限量指标（mg/kg）
铅（Pb）	≤2；紧压茶：3
铜（Cu）	≤60
六六六（HCH）	≤0.2；紧压茶：0.4
滴滴涕（DDT）	≤0.2

2. 我国茶叶卫生标准的发展

2005年10月1日，国家标准化管理委员会颁布了新的茶叶卫生标准《食品中污染物限量》（GB 2762—2005）、《食品中农药最大残留限量》（GB 2763—2005），标准于2005年10月1日开始实施，过渡期为一年，原标准《茶叶卫生标准》（GB 9679—1988）作废。新标准在原标准的基础上，主要修订的内容如下。

（1）感官指标。具有该茶类正常的商品外形及固有的色、香、味，不得混有异种植物叶，不含非茶类夹杂物，无异味、无异臭、无霉变。

（2）重金属残留限量指标

1）根据当前各国茶叶中农药残留限量标准以及我国目前茶叶中铅污染的实际情况，新标准对重金属铅含量的限量指标做了修改。由原来铅含量≤2 mg/kg，修改为铅含量≤5 mg/kg。

2）新增加了稀土金属的检测，并规定稀土金属≤2 mg/kg。去掉了金属铜的检测项目。

（3）农药残留限量指标。农药残留检测项目，原标准只有六六六（HCH）和滴滴涕（DDT）两项，新标准均保留，并增加了7项新的检测项目。

由国家农业部、原国家卫生部2011年1月21日发布、2011年4月1日实施的新增卫生检测项目标准《食品中百草枯等54种农药最大残留限量》（GB 26130—2010），涉及茶叶检测项目共7项。

2012年原国家卫生部对《食品中污染物限量》（GB 2762—2005）进行修订，颁布了《食品安全国家标准食品中污染物限量》（GB 2762—2012），该标准中规定，茶叶的重金属限量只有一个项目，即铅含量的限量仍规定为5 mg/kg。

2014年国家卫生和计划生育委员会、国家农业部对《食品中农药最大残留限量》（GB 2763—2005）进行修订，颁布了《食品中农药最大残留限量》（GB 2763—2014），该标准中增加了一些农药残留检测项目，并规定了相对应的限量标准。2016年国家颁布了《食品安全国家标准 食品中农药最大残留限量》（GB 2763—2016），并于2017年6月18

日正式实施,新标准新增了部分检测项目及限量指标。至此,农药残留检测项目达到 48 项,且限量指标也逐渐严格,有的项目与世界发达国家的茶叶卫生限量指标接近甚至一致。茶叶农药残留限量指标 2016 年版与 2014 年版标准对比见表 2-43。

表 2-43　茶叶农药残留限量指标 2016 年版与 2014 年版标准对比

序号	农药名称	2016 年版标准限量（mg/kg）	2014 年版标准限量（mg/kg）
1	苯醚甲环唑（Difenoconazole）	10	10
2	吡虫啉（Imidacloprid）	0.5	0.5
3	吡蚜酮（Pymetrozine）	2	—
4	草铵膦（Glufosinate-ammonium）	0.5	0.5
5	草甘膦（Glyphosate）	1	1
6	虫螨腈（Chlorfenapyr）	20	—
7	除虫脲（Diflubenzuron）	20	20
8	哒螨灵（Pyridaben）	5	5
9	敌百虫（Trichlorfon）	2	—
10	丁醚脲（Diafenhiuron）	5	5
11	啶虫脒（Acetamiprid）	10	—
12	多菌灵（Carbendazim）	5	5
13	氟氯氰菊酯和高效氟氯氰菊酯（Cyfluthrin 和 Deta-cyfluthrin）	1	1
14	氟氰菊酯（Flucythrinate）	20	20
15	甲胺磷（Methamidophos）	0.05	—
16	甲拌磷（Phorate）	0.01	—
17	甲基对硫磷（Parathion-methyl）	0.02	—
18	甲基硫环磷（Phosfolan-methyl）	0.03	—
19	甲氰菊酯（Fenpropathrin）	5	5
20	克百威（Carbofuran）	0.05	—
21	喹螨醚（Fenazaquin）	15	15
22	联苯菊酯（Bifenthrin）	5	5
23	硫丹（Endosulfan）	10	10
24	硫环磷（Phosfolan）	0.03	—
25	三氟氯氰菊酯和高效氯氟氰菊酯（Cyhalothrin 和 Lambda-cyhalothrin）	15	15
26	氯氰菊酯（Permethrin）	20	20

续表

序号	农药名称	2016年版标准限量（mg/kg）	2014年版标准限量（mg/kg）
27	氯氰菊酯和高效氯氰菊酯（Cypermethrin和Beta-cypermethrin）	20	20
28	氯噻啉（Imidaclothiz）	3	3
29	氯唑磷（Isazofos）	0.01	—
30	灭多威（Methomyl）	0.2	3
31	灭线磷（Ethoprophos）	0.05	—
32	内吸磷（Demeton）	0.05	—
33	氰戊菊酯和顺式氰戊菊酯（Fenvalerate和Esfenvalerate）	0.1	
34	噻虫嗪（Thiamethoxam）	10	10
35	噻螨酮（Hexythiazox）	15	15
36	噻嗪酮（Buprofezin）	10	10
37	三氯杀螨醇（Dicofol）	0.2	—
38	杀螟丹（Cartap）	20	20
39	杀螟硫磷（Denitrothion）	0.5	0.5
40	水胺硫磷（Isocarbophos）	0.05	—
41	特丁硫磷（Terbufos）	0.01	—
42	辛硫磷（Phoxim）	0.2	
43	溴氰菊酯（Deltamethrin）	10	10
44	氧乐果（Omethoate）	0.05	—
45	乙酰甲胺磷（Acephate）	0.1	0.1
46	茚虫威（Indoxacarb）	5	—
47	滴滴涕（DDT）	0.2	0.2
48	六六六（HCH）	0.2	0.2

《食品安全国家标准食品中污染物限量》（GB 2762—2017）于2017年3月17日由国家卫生和计划生育委员会、国家食品药品监督管理总局发布，2017年9月17日实施。

国家对食品安全越来越重视，不仅制定各类食品安全标准，而且把食品安全上升到法律角度加以重视。2009年2月28日，《中华人民共和国食品安全法》公布，并于2009年6月1日起施行，现行的《中华人民共和国食品安全法》于2018年12月29日修正。该法中的重要条款如下。

第二十四条 制定食品安全标准，应当以保障公众身体健康为宗旨，做到科学合理、安全可靠。

第二十五条 食品安全标准是强制执行的标准。除食品安全标准外，不得制定其他的食品强制性标准。

第二十六条 食品安全标准应当包括下列内容：

（一）食品、食品添加剂、食品相关产品中的致病性微生物、农药残留、兽药残留、生物毒素、重金属等污染物质以及其他危害人体健康物质的限量规定；

（二）食品添加剂的品种、使用范围、用量；

（三）专供婴幼儿和其他特定人群的主辅食品的营养成分要求；

（四）对与卫生、营养等食品安全要求有关的标签、标志、说明书的要求；

（五）食品生产经营过程的卫生要求；

（六）与食品安全有关的质量要求；

（七）与食品安全有关的食品检验方法与规程；

（八）其他需要制定为食品安全标准的内容。

第二十七条 食品安全国家标准由国务院卫生行政部门会同国务院食品安全监督管理部门制定、公布，国务院标准化行政部门提供国家标准编号。

食品中农药残留、兽药残留的限量规定及其检验方法与规程由国务院卫生行政部门、国务院农业行政部门会同国务院食品安全监督管理部门制定。

屠宰畜、禽的检验规程由国务院农业行政部门会同国务院卫生行政部门制定。

第二十八条 制定食品安全国家标准，应当依据食品安全风险评估结果并充分考虑食用农产品安全风险评估结果，参照相关的国际标准和国际食品安全风险评估结果，并将食品安全国家标准草案向社会公布，广泛听取食品生产经营者、消费者、有关部门等方面的意见。

食品安全国家标准应当经国务院卫生行政部门组织的食品安全国家标准审评委员会审查通过。食品安全国家标准审评委员会由医学、农业、食品、营养、生物、环境等方面的专家以及国务院有关部门、食品行业协会、消费者协会的代表组成，对食品安全国家标准草案的科学性和实用性等进行审查。

三、如何制定茶叶标准

1. 制定茶叶标准的内容

制定茶叶标准，首先要了解制定标准的内容。一般标准的内容包括以下几个方面。

（1）标准的封面。标准的封面包括以下几项内容。

1）标准的类型。

2）标准的编号。

3）标准的名称。

4）标准的发布和实施日期。

5）标准的发布单位。

（2）标准的前言。标准的前言包括以下几项内容。

1）制定标准的目的。

2）引用标准的名称。

3）提出制定标准的单位及归口部门。

4）承担制定标准的起草单位及主要起草人员。

（3）标准的正文。标准的正文根据标准的类型不同有所不同，一般分为检验方法标准和品质规格标准。

1）检验方法标准主要内容

①明确适用标准的产品名称和范围。

②制定本标准所引用的标准名称。

③标准中所用名词的解释和定义。

④标准所用仪器及要求。

⑤标准所用试剂和试样的制备。

⑥检验原理。

⑦测定结果或评定结果的计算及误差要求。

2）品质规格标准主要内容

①明确适用标准的产品名称和范围。

②制定本标准所引用的标准名称。

③标准中所用名词的解释和定义。

④品质规格要求。

2. 制定标准的格式

制定标准的格式主要按照《标准化工作导则》（GB/T 1.1—2009）的要求进行。任何标准都不是一成不变的,它随着商品检验工作的开展和生产技术水平的提高以及贸易的需要而不断进行修订。

本章测试题

一、**判断题**(下列判断正确的请打"√",错误的请打"×")

1. 所有茶类、品种和花色的茶叶,其水分限量指标都是相同的。 ( )
2. 白茶外形的审评以形状和净度为主。 ( )
3. 不同香花窨制的花茶,其品质各具特色。 ( )
4. 青毛茶的滋味以浓厚、浓醇、鲜爽、回味甘甜为上。 ( )
5. 我国精制绿茶出口以龙井、毛峰、碧螺春为主。 ( )
6. 审评工夫红茶时,应特别注意区分香气的类型。 ( )
7. 红毛茶如有劣变和异气,不管嫩度如何,都应视为劣质茶。 ( )
8. 绿茶的制作工序分为4道:萎凋、揉捻、发酵和干燥。 ( )
9. 鲜叶是制茶的原料,茶叶品质的优次首先取决于鲜叶质量的好坏。 ( )
10. 构成青茶滋味的主体成分是茶黄素和茶红素等氧化物。 ( )

二、**单项选择题**(下列每题的选项中,只有1个是正确的,请将其代号填在括号中)

1. 茶红素和( )是决定红茶色泽的主要物质。
   A. 茶褐素　　　　　　　　　B. 茶黄素
   C. 花青素　　　　　　　　　D. 儿茶素
2. 温度对酶的活性影响很大,一般在( )℃时,酶的活性最强。
   A. 25~35　　　　　　　　　B. 35~45
   C. 45~55　　　　　　　　　D. 55~65
3. 茶叶中的有机酸是从茶叶的( )中分离出来的。
   A. 香气成分　　　　　　　　B. 茶汤滋味
   C. 叶底色泽　　　　　　　　D. 茶汤色泽
4. 茶叶中含有的咖啡因,具有( )的味道。
   A. 苦涩　　　B. 鲜爽　　　C. 浓烈　　　D. 浓强
5. 紫色鲜叶花青素含量高,对茶叶品质不利,制成的茶叶底会呈( )色。
   A. 灰暗　　　B. 枯暗　　　C. 深褐　　　D. 黄枯

6. 青茶制作工艺中的炒青工序，操作时采用（　　）的方法。
   A. 高温、短时、快炒　　　　　　　　B. 低温、长时、慢炒
   C. 高温、短时、慢炒　　　　　　　　D. 低温、短时、快炒

7. 工夫红茶条索一般以（　　）为好。
   A. 紧重、圆、直、秀　　　　　　　　B. 松、扁、弯、短
   C. 紧结、完整、有锋苗　　　　　　　D. 松、圆、直、秀

8. 绿毛茶的滋味以（　　）为上。
   A. 浓、醇、鲜、回甘　　　　　　　　B. 淡、醇、鲜、回甘
   C. 浓、醇、鲜、苦　　　　　　　　　D. 淡、醇、鲜、苦

9. 外销的茉莉花茶的水分限量指标是（　　）。
   A. 6.0%　　　　B. 7.0%　　　　C. 8.0%　　　　D. 9.0%

10. 一般出口茶叶中，规定普通乌龙茶的灰分限量指标是（　　）。
    A. 6%　　　　B. 6.5%　　　　C. 7%　　　　D. 7.5%

本章测试题答案

一、判断题

1. ×　2. ×　3. √　4. √　5. ×　6. √　7. √　8. ×　9. √　10. √

二、单项选择题

1. B　2. C　3. A　4. A　5. C　6. A　7. A　8. A　9. D　10. B

第 3 章

茶的化学成分及保健功效

第 1 节　茶叶中的营养成分及作用　　/82
第 2 节　茶叶中的药理成分及作用　　/85
第 3 节　茶的保健功效　　　　　　　/86
第 4 节　日常饮茶相关常识　　　　　/88

引导语

茶是绿色食品,含有人体所需的热能和营养素,具有很高的营养价值。茶叶所含的药理成分是对人体健康有益的物质。茶叶含有500多种化合物,而构成这些化合物的基本元素有25种以上。茶叶所含营养物质包括碳水化合物、蛋白质、维生素、矿物质和微量元素。饮茶有益于健康是由于茶叶的这些营养成分和药理成分综合作用的结果。

现代科学研究表明,饮茶不仅可以提神益思、增加营养,而且可以健身益寿、延缓衰老。千百年来,茶已被人们公认为理想的天然保健饮料。

 学习目标

➢ 熟悉茶叶中的营养成分、药理成分及作用。
➢ 掌握茶的保健功效。
➢ 掌握科学饮茶的基本方法。

第1节 茶叶中的营养成分及作用

茶叶是一种食品,但大部分人认为茶叶是一种饮料,可见其营养作用还没有被世人充分认识。茶叶的成分很复杂,作为一种食品,除脂肪含量较低之外,茶叶还含有大量人体所需要的热能和营养素,如蛋白质、碳水化合物、维生素、矿物质和微量元素,具有很高的营养价值。但就某一特定的茶叶品种来说,各种营养成分虽然基本相同,含量却因时、因地、因级而异。人们通常把蛋白质、碳水化合物、脂肪称为生热营养素,其在体内代谢后可产生热能,供机体生命活动需要。

一、热能及其作用

热能是维持机体代谢活动所必需的能量,由蛋白质、碳水化合物、脂肪等生热营养素提供。与其他食品相比,茶叶是一种低热能食物,但不同种类的茶叶所提供的热能不一样。每100 g茶叶提供热能以绿茶最高,红茶、花茶和乌龙茶均低于绿茶,砖茶最低。可见茶叶所含的热能与其质量和种类有关。一般来说,茶叶质量越好,热能越高,砖茶的热能最低,是由于作为原料的茶叶质量不高。每100 g茶叶中热能和生热营养素含量见表3-1。

表 3-1　　　　　　　每 100 g 茶叶中热能和生热营养素的含量

茶叶类型	热能 (kJ)	热能 (kcal)	蛋白质 (g)	脂肪 (g)	碳水化合物 (g)	食物纤维 (g)
红茶	1 230	294	26.7	1.1	44.4	14.8
花茶	1 176	281	27.1	1.2	40.4	17.7
绿茶	1 238	296	34.2	2.3	34.7	15.6
砖茶	862	206	14.5	4.0	27.9	38.8

二、蛋白质及其作用

蛋白质有非常重要的营养功效，是生长发育必不可少的物质，是修复损伤的组织原料，是构成组织、酶、激素和抗体的主要成分，它能调节血浆渗透压，必要时也能提供热能，参与体内众多的代谢过程。

在评价蛋白质的营养价值时，主要评价其中的必需氨基酸种类是否齐全、比例是否合适、数量是否充足。必需氨基酸是指在人体内不能合成，必须由食物供应的氨基酸。组成人类蛋白质的氨基酸有 18 种，对成人来说有 8 种必需氨基酸，即异亮氨酸、亮氨酸、赖氨酸、蛋氨酸、苯丙氨酸、苏氨酸、色氨酸和缬氨酸，对儿童来说组氨酸也是必需氨基酸。与一般食物相比，茶叶中的蛋白质含量是相当高的，其中的必需氨基酸组成与鸡蛋和黄豆相比，种类是最齐全的。值得一提的是，茶叶中含有大量的茶氨酸，这是茶叶所特有的，是形成茶叶风味的主要成分，其含量通常占氨基酸总量的 50% 以上，以白茶含量最多，其次是绿茶和红茶，有强心利尿、扩张血管、松弛支气管和平滑肌的功能。嫩茶中游离氨基酸的含量达 2%～5%，有的绿茶水溶液中氨基酸含量占 1%～3.5%，故饮茶可使人体得到一部分氨基酸，特别是其中的必需氨基酸，有利于机体蛋白质的合成。

各种茶叶中的氨基酸含量与茶叶的类型有密切关系，绿茶中含氨基酸最多，其次是青茶和红茶；精氨酸也以绿茶含量最高，红茶次之。就氨基酸总含量而言，绿茶多于红茶和白茶，其次是黄茶和乌龙茶，黑茶相对较低。红茶中少量的游离氨基酸，随着茶叶储存时间的延长，含量逐渐减少。

三、碳水化合物及其作用

碳水化合物就是通常所说的糖类，根据其化学结构可分为单糖、双糖和多糖类。食物纤维和果胶也属于碳水化合物，虽不能被人体吸收，但能刺激胃肠蠕动，增加粪便体积，减少有毒、有害物质的吸收，具有预防肠道肿瘤、防治糖尿病等作用。碳水化合物在体内的主要功能是提供热能，同时它也是构成神经和细胞的主要成分，具有保肝解毒的作用。茶叶中的碳水化合物多为多糖类，在沸水中溶出仅2%左右，占茶叶水溶物的4%~5%。因此，人们通常认为茶是低热能、低糖饮料，适合于糖尿病病人和其他忌糖病人饮用。

四、脂肪及其作用

脂肪的主要功能是提供热能，另外还有保持体温衡定、构成细胞和组织、促进脂溶性维生素的吸收和利用等作用。茶叶中的脂类含量不高，绿茶和红茶一般不超过3%。茶叶中的脂类有磷脂、硫酯、糖脂、甘油三酯等，其中的脂肪酸是亚油酸和亚麻酸，为人体必需脂肪酸。必需脂肪酸和必需氨基酸一样，也是体内不能合成，必须由食物提供的。故饮茶可以使人体获得一定量的脂肪酸。

五、维生素及其作用

维生素是维护身体健康所必需的一类有机化合物，这些物质在体内既不构成组织，也不提供热能，虽然所需的数量很少，但作用很大，是调节体内物质代谢必不可少的物质，体内不能合成，必须由食物供应。

人们通常把维生素分为两大类，即脂溶性维生素和水溶性维生素：前者包括维生素A、维生素D、维生素E和维生素K，后者包括维生素C、B族维生素、泛酸、生物酸、叶酸等。人体所需的维生素共有10余种，茶叶中含有丰富的维生素，其中的胡萝卜素在人体内可以转化为维生素A，故又称为维生素A原，维生素B_1又叫硫胺素，维生素B_2即核黄素，维生素P也称为尼克酸、烟酸，维生素C即抗坏血酸，维生素E又叫生育酚等。茶叶中的水溶性维生素可全部溶解在热水中，浸出率几乎达100%，而脂溶性维生素较难溶于水，所以人们通过饮茶获得的脂溶性维生素不多。茶叶中的B族维生素较丰富，每天饮茶25g，可满足人体25%的需要量。

六、矿物质和微量元素及其作用

人体所需的矿物质通常分为常量元素和微量元素，常量元素有钾、钠、钙、镁、磷、硫、氯、碳、氢、氮、氧；微量元素有铁、碘、锰、钴、锌、铜、钼、硒、铬、镍、锡、氟、钡、钒。

茶叶中含有的无机物占茶叶干重的4%~9%，其中50%~60%可溶解在热水中，能被人体吸收利用，并且多有益于健康。茶叶中含量最多的无机成分是钾和磷，其次是钙、镁、铁、锰等，而铜、锌、钠、硫、氟等元素较少。茶叶中的矿物质和微量元素是很有益处的，其中的铁、铜、氟、锌比其他植物性食物高得多，且茶叶中的维生素C有促进铁吸收和利用的功能。前苏联科学家发现，茶叶中的铜和铁可以提高红细胞形成的能力，有治疗贫血的作用。氟是人体骨骼和牙釉质生长不可缺少的物质。一般来说，植物性食物中氟的含量不太高，而茶叶中的氟可达到 10~15 mg/100 g，其中 80% 可溶于茶汤之中。每天饮茶 10 g，可获得 1 mg 的氟，已基本满足人体的需要。饭后用茶汤漱口，方便易行，如持之以恒，效果良好，尤其对学龄前儿童护齿更有好处，但儿童不宜多饮茶，特别是浓茶。硒是人体心肌代谢不可缺少的元素，长期缺硒易患克山病。此外，硒还有抗癌和防癌的作用，如陕西的紫阳茶含有丰富的硒，研究发现其具有抗突变的效果。如果每天饮茶 5~6 杯，可供应人体所需矿物质和微量元素的 5%~50%。

第 2 节 茶叶中的药理成分及作用

茶叶具有多方面的药理功能。人们不仅把茶作为生活的主要饮料，而且广泛地作为医药应用。动物实验和人体实验发现，茶的药理作用的发挥，有的是由单一成分来完成，有的则是几种成分联合发挥作用，还有的是成分之间互补协同。因此，在某种程度上茶对机体的药理效果的发挥也是综合作用的结果。茶叶味苦性寒，有降火清热的功效，可"上清头目，中消食滞，下利二便"，因此茶叶有一定的防病治病的功效。茶叶中的药用成分为生物碱、茶多酚、芳香类物质、脂多糖类物质等。

一、生物碱及其作用

茶叶中的生物碱包括咖啡因、茶碱、可可碱、嘌呤碱等。咖啡因具有以下功能：兴奋中枢神经系统，消除疲劳，提高劳动效率；抵抗酒精、烟碱、吗啡等的毒害；强化血管和强心作用；增加肾脏血流量，提高肾小球滤过率，有利尿作用；松弛平滑肌，能消除支气管和胆管痉挛；控制下视丘的体温中枢，有调节体温的作用；降低胆固醇，防治动脉粥样硬化。茶碱功能与咖啡因相似，兴奋中枢神经系统的作用较咖啡因弱；强化血管和强心作用、利尿作用、松弛平滑肌作用等比咖啡因强。可可碱的功能与咖啡因和茶碱相似，兴奋中枢神经的作用比前两者都弱；强心作用比茶碱弱，但比咖啡因强；利尿作用比前两者都弱，但持久性强。

二、茶多酚及其作用

茶叶中的多酚类包括茶单宁、茶鞣酸、茶鞣质、儿茶素等，含量占干茶的 20%~35%，其中儿茶素占茶多酚的 60%~80%，为干重的 12%~24%。茶多酚的功能包括：增强毛细血管弹性；抗炎抗菌，抑制病原菌的生长，并有灭菌作用；促进维生素C代谢，刺激叶酸的生物合成；加强甲状腺的机能，有抗辐射损伤作用；作为收敛剂可用于治疗烧伤；可与重金属盐和生物碱结合起解除中毒的作用；缓和胃肠紧张；增加微血管强韧性，防治高血压；治疗糖尿病等。儿茶素能抗放射性损伤，治疗偏头痛。黄酮类及其苷类化合物能促进维生素C的吸收，防治坏血病，并有利尿作用。

三、芳香类物质及其作用

茶叶中的芳香类物质包括萜烯类、酚类、醇类、醛类、酸类、酯类等。其中萜烯类有杀菌消炎、祛痰作用，可治疗支气管炎。酚类有杀菌、兴奋中枢神经和镇痛作用，对皮肤有刺激和麻醉作用。醇类有抑制心脏作用和杀菌的效果。醛类和酸类均有抑杀真菌和细菌，以及祛痰的功能；后者还有溶解角质的作用。酯类有消炎镇痛、治疗痛风、促进糖代谢的功能。

四、脂多糖类及其作用

茶叶含有脂多糖类物质，这类物质具有抗辐射损伤、改善造血功能的作用，并可用于防治急性放射病。脂多糖是构成茶细胞壁的大分子复合物，茶叶中脂多糖的含量约为3%。药理实验表明，适当的植物脂多糖进入动物或人体后，在短时间内就可以增强机体的非特异性免疫能力，对提高机体的抵抗力作用很大。动物实验表明，茶叶中的脂多糖有防辐射的功效，同时也有改善造血功能的作用。

第3节 茶的保健功效

茶叶中含有丰富的营养元素和多种药用成分，是茶叶保健和防病作用的基础。

一、清胃消食助消化

茶叶有消食、除腻、助消化、加强胃蠕动、促进消化液分泌、增进食欲的功能，并可治疗胃肠道疾病。我国幅员辽阔，在边疆地区，以肉食和奶类为主食的少数民族不可一日无茶。因其饮食中含有大量的脂肪和蛋白质，新鲜的蔬菜和水果很少，食入的食物不容易消化，而饮茶可以帮助油脂消化吸收，解除油腻，并补充肉食中缺乏的矿物质和微量元素及维生素的不足。茶叶中芳香油、生物碱具有兴奋中枢和自主神经系统的作用，能刺激胃液分泌，松弛胃肠道平滑肌，对含蛋白质丰富的动物性食品有良好的消化效果。茶叶中含有大量的氨基酸、维生素 C、维生素 B_1、维生素 B_2、磷脂等成分，具有调节脂肪代谢的功能，有助于食物的消化，起到增进食欲的作用。

二、生津止渴解暑热

饮茶能解渴，这是众所周知的常识。实验证实饮热茶 9 min 后，皮肤温度可下降 1~2℃，并有凉快、清爽和干燥的感觉；而饮冷茶后皮肤温度下降不明显。饮茶有解渴作用，与茶的多种成分有关，茶汤补给水分以维持机体的正常代谢，且其中含有清凉、解热、生津作用的有效成分。饮茶既可刺激口腔黏膜，促进唾液分泌、产生津液，其中的芳香类物质挥发时又可带走一部分热量，使口腔感觉清新凉爽，且可从内部控制体温调节中枢从而调节体温，以达到解渴的目的。茶叶的这种作用是由茶多酚、咖啡因、多种芳香类物质和维生素 C 综合作用的结果。茶叶有清火的功效。

三、强骨防龋除口臭

实验研究和流行病学调查均证实茶有固齿强骨、预防龋齿的作用。低氟地区的居民很容易患龋齿症，茶叶中的氟能参与牙齿和骨的代谢，在保护骨和牙齿的健康方面有非常重要的作用。儿童适当饮茶可使龋齿减少 60%。口腔溃疡、牙龈出血等是常见的口腔疾病，且常伴有口臭，晨起饮浓茶一杯，可以清除口中黏性物质，既可净化口腔，又使人心情愉快。有些人清晨刷牙时常有牙龈出血，这种现象常常是由于缺乏维生素 C 所致。茶叶中含有丰富的维生素 C，饮茶可以部分补充饮食中维生素 C 供应的不足。

四、振奋精神除疲劳

对于饮茶的这种效用，古代史籍中多有记载。当人们疲劳、困倦时，喝一杯清茶，立即会感到精神振奋，睡意全消，这是茶叶中所含的生物碱类，即咖啡因、茶碱、可可碱的作用引起的。实验证明，喝 5 杯红茶或 7 杯绿茶，相当于服用 0.5 g 咖啡因，可提高基础代谢率 10%。茶中咖啡因与多酚类结合，使茶具有咖啡因的一切药效而没有其他副作用。故饮茶能消除疲劳，振奋精神，增强运动能力，提高劳动效率。

五、保肾清肝并消肿

茶可保肾清肝，利尿消肿，这是因为茶能增加肾脏血流量，提高肾小球滤过率，增强肾脏的排泄功能。茶的利尿作用是咖啡因、茶碱和可可碱的功能，其中茶碱最强，咖啡因次之，而可可碱利尿持续时间最长。这些物质的作用机制是抑制肾小管的重吸收，使尿中钠和氯离子的含量增多，并能兴奋血管运动中枢，直接舒张肾脏血管，增加肾脏血流量。

此外，这些物质对肝脏、心脏性水肿和妊娠水肿与呕吐也都有一定的治疗作用。乌龙茶中咖啡因含量少，但利尿作用明显，是男女老幼皆宜饮用的茶。

六、防治心脑血管病

饮茶可降低胆固醇、防治动脉粥样硬化，有防止心脑血管疾病的作用，如高血压、冠心病、脑动脉硬化症等。心脑血管疾病是人类健康的"第一杀手"，许多研究证明高血压、冠心病、脑动脉硬化症、脑出血等心脑血管疾病的发病与血液的黏滞性和血脂增高均有很大关系。儿时肥胖常常为成年后的心脑血管疾病留下隐患，故有的学者把幼年时的肥胖称为"冠心病的苗子"，而且肥胖的儿童多有不同程度的血脂升高。饮茶能显著地降低血液中血脂和胆固醇的含量，具有很好的抗动脉硬化的效果。茶叶中的茶多酚，特别是儿茶素有很强的降脂功能，并有保护毛细血管的作用，可使血管壁松弛、有效直径增大、弹性增加，甚至在血管受到破坏时，茶多酚也可使血管的功能得到恢复。因此，经常饮茶有利于人体血管的舒张，增强微血管弹性和韧性，起到预防心脑血管疾病的作用。饮茶有松弛平滑肌的作用，能消除支气管和胆管平滑肌的痉挛，故饮茶对于预防上呼吸道疾病是很有裨益的。

七、消除电离抗辐射

现代科学制造了很多的辐射源，但是人们并未意识到电子辐射的强度已经大大增加，人类已经处在电子辐射的包围之中，广播、电视、电影、录像，乃至大功率的激光影像，以及医用射线及和平利用原子能等，已经造成了严重的辐射污染。茶叶中的茶多酚和脂多糖等成分有吸附和捕捉放射性物质并与其结合后排出体外的作用。脂多糖、茶多酚、维生素 C 有明显的抗辐射效果，它们参与体内的氧化还原过程，能修复生理机能，抑制内出血，治疗放射性损害。在电视机、计算机等进入千家万户的时候，防止荧屏辐射对人体的损害是当今人们关心的问题之一。茶叶中含有丰富的胡萝卜素，代谢后合成视紫质可以保护视力。因此，在欣赏美妙的电视画面时饮上一杯香茶，既可预防辐射的危害，又有清肝明目、保护视力的作用。

第4节 日常饮茶相关常识

一、患胃病不宜过量饮茶

通常，胃内的磷酸二酯酶可抑制胃内的胃酸分泌，但绿茶中的茶碱对此酶有抑制作用，使胃酸分泌增多，刺激胃壁的创面或溃疡面，引起疼痛，并影响溃疡的愈合，因此胃病患者不宜过量饮浓茶，适量的饮茶还是有一定益处的。若在茶汤中加牛奶和糖，可降低饮茶引起的促进胃酸分泌的作用。例如，患有胃溃疡或十二指肠溃疡者，应注意在症状活动期少饮茶或不饮茶，待病情稳定后再饮茶。

二、头晕或睡眠不足时不宜过量饮茶

茶叶中含有多种能兴奋神经的成分，如咖啡因等。若过量饮茶，特别是浓茶，会使饮茶者中枢神经系统及全身兴奋，使其心跳加速、血流速度加快，久久不能入睡。因此，患有神经衰弱或睡眠不好的人，不宜过量饮茶，特别是浓茶。

三、空腹不要喝浓茶

茶叶在中医中有"味甘苦，微寒无毒"之说，空腹饮茶入肺腑，冷脾胃，因此自古就有"不饮空心茶"之说。饮浓茶对胃黏膜细胞有刺激作用，特别是胃部有炎症或溃疡者，更不宜空腹饮茶。此外，饭前空腹饮茶较多，会冲淡消化液，降低消化功能，从而影响食欲或消化吸收，因此空腹时忌饮浓茶。但适量饮茶，即浓度适宜或量不太多，均可促进食欲，增加消化吸收功能，有益健康。

四、热茶比冷茶更解渴

人体缺水时，机体代谢受到影响，体温升高，造成缺水加重，引起不良反应，主要表现为口渴。通常，饮水可以解渴，茶水解渴作用比普通开水好。饮茶以温热为宜，可使人耳聪目明，神思爽畅。实践证明，喝热茶比喝冷茶解渴，喝热茶可使皮肤温度在数分钟内明显降低，大大改善口渴的感觉；而喝冷茶时皮肤温度变化不明显。

五、茶叶泡几次最好

茶叶中能溶解于水的物质占近40%。通常，绿茶质量越好，可溶性物质越多，主要是茶多酚等含量较高。据测定，绿茶泡至第3次时，茶汤中的含水浸出物仅10%左右，第4次仅为1%~3%。泡茶具体次数应视茶质、茶量而定，一般红茶、绿茶以不超过4次为好。一杯茶从早泡饮到晚，成了白开水还连续加开水的做法不可取。理想的泡饮法是每天上午一杯茶、下午一杯茶，既新鲜又有茶味。

六、茶有"油膜层"可饮用

通常，茶汤放置较久可能出现油膜，如未变质仍可饮用。但如因茶水放置过久，有细菌或其他毒性微生物生长繁殖，使茶汤变质，则不能饮用。

七、孕妇、哺乳期妇女能饮茶

孕妇和哺乳期妇女可以适量饮茶，但应注意茶汤宜清淡而不要太浓稠，特别是孕妇，切忌饮用浓茶。

八、喝茶对糖尿病患者有益

茶叶中含有多种促进糖代谢的成分，如茶多酚等。据报道，日本人用30年以上树龄的茶叶制作"酽（音同'燕'，意'浓'）茶"来治疗糖尿病，结果发现此法对某些患者有显著疗效，已经引起人们的关注。我国也有利用30年以上老茶树的嫩叶配以适量的其他植物须叶制成的薄玉茶，在治疗糖尿病上收到明显的疗效。

本章测试题

一、判断题（下列判断正确的请打"√"，错误的请打"×"）

1. 茶叶是一种食品，但大部分人认为它是一种饮料。（　）
2. 茶叶中的必需氨基酸种类是齐全的，比例也是合理的。（　）
3. 脂肪的主要功能是提供热能，还有保持体温恒定，构成细胞和组织等功能。（　）
4. 茶叶中的维生素A有促进铁吸收的功能。（　）
5. 前苏联的科学家发现茶叶中的铜和铁可以提高红细胞形成的能力，有治疗贫血的作用。（　）
6. 茶叶中的生物碱包括咖啡因、茶碱、可可碱、嘌呤碱等。（　）
7. 茶叶中含有的脂多糖类物质具有促进糖代谢的作用。（　）
8. 现代药理学研究证明，茶叶确实具有多方面的药理功能。（　）
9. 茶已被人们公认为理想的天然保健饮料。（　）
10. 茶中咖啡因与多酚类结合，使茶具有咖啡因的一切药效而没有其他副作用。（　）
11. 茶有降低胆固醇和防治动脉粥样硬化的功能。（　）
12. 茶叶中的茶多酚、脂多糖等成分有吸附和捕捉放射性物质，与其结合后排出体外的作用。   （   ）
13. 茶叶虽有很多保健功能，但临床观察和流行病学调查却并未证实。 （   ）
14. 由于个体存在差异，人们应根据具体情况饮茶，注意调整用量和时间，以取得理想的保健效果。   （   ）
15. 通常认为茶是低热能高糖的饮料，不适合糖尿病患者饮用。   （   ）

二、单项选择题（下列每题的选项中，只有1个是正确的，请将其代号填在括号中）

1. 每百克茶叶中热能和生热营养素含量以（   ）最高。
   A. 砖茶   B. 花茶   C. 白茶   D. 绿茶

2. 目前，茶叶的使用仍以（   ）为主，绝大部分的营养物质被丢弃。
   A. 泡饮   B. 炒用   C. 干嚼   D. 蒸馏

3. 就氨基酸总量而言，含量最多的是（   ）。
   A. 红茶   B. 绿茶   C. 黑茶   D. 乌龙茶

4. 茶叶中的脂肪酸（   ）。
   A. 只有亚油酸   B. 只有亚麻酸
   C. 有亚油酸和亚麻酸   D. 不含有脂肪酸

5. 人体所需的矿物质通常分为常量元素和（   ）。
   A. 多量元素   B. 少量元素
   C. 大量元素   D. 微量元素

6. 硒有抗癌和防癌作用，（   ）茶含硒丰富，有抗突变的效果。
   A. 西湖龙井   B. 黄山毛峰   C. 陕西紫阳   D. 太平猴魁

7. （   ）是茶叶中特有的，是茶叶风味的主要成分。
   A. 茶氨酸   B. 丙氨酸   C. 脂肪酸   D. 咖啡酸

8. 茶叶的药用成分不包括（   ）。
   A. 生物碱   B. 茶多酚   C. 脂多糖   D. 蛋白质

9. 儿童适当饮茶可使龋齿减少（   ）。
   A. 20%   B. 40%   C. 60%   D. 30%

10. 茶叶中的（   ）没有明显的抗辐射效果。
    A. 脂多糖   B. 维生素C   C. 茶多酚   D. 芳香类物质

11. 绿茶中的茶碱会使胃酸分泌（   ），刺激胃壁的创面或溃疡面。
    A. 增多   B. 减少   C. 消失   D. 不变

12. 夜间不宜饮茶的是（   ）。
    A. 胃病患者   B. 皮肤病患者   C. 痛风患者   D. 神经衰弱者

13. 绿茶泡至第3次时，茶汤中所含溶于水的浸出物只占可溶物总量的（　　）左右。

　　A. 10%　　　　　　B. 20%　　　　　　C. 30%　　　　　　D. 50%

14. 茶汤出现"油膜层"，通常由于（　　）。

　　A. 冲泡温度太高　　　　　　　　　B. 放置较久

　　C. 已经变质　　　　　　　　　　　D. 茶叶质量有问题

15. 茶叶中的有效成分可以调整（　　），对治疗糖尿病有显著疗效。

　　A. 脂肪代谢　　　　　　　　　　　B. 糖代谢

　　C. 碳水化合物代谢　　　　　　　　D. 微量元素

本章测试题答案

一、判断题

1. √　2. ×　3. √　4. ×　5. √　6. √　7. ×　8. √　9. √　10. √
11. √　12. √　13. ×　14. √　15. ×

二、单项选择题

1. D　2. A　3. B　4. C　5. D　6. C　7. A　8. D　9. C　10. D
11. A　12. D　13. A　14. B　15. B